天书
铁皮石斛

罗仲春　罗斯丽
刘红霞　罗毅波 ｜ 著

李聪颖　罗斯丽 ｜ 绘图

中国林业出版社
ıı·CF·PH·ıı　China Forestry Publishing House

图书在版编目（CIP）数据

天书·铁皮石斛 / 罗仲春等著 . -- 北京 : 中国林业出版社 , 2020.3

ISBN 978-7-5038-9872-3

Ⅰ . ①天… Ⅱ . ①罗… Ⅲ . ①石斛－栽培技术 Ⅳ . ① S567.23

中国版本图书馆 CIP 数据核字 (2018) 第 277131 号

出版发行：中国林业出版社
地　　址：北京西城区刘海胡同 7 号 （100009）
电　　话：（010）83143567
制　　版：北京美光制版有限公司
印　　刷：固安县京平诚乾印刷有限公司
版　　次：2020 年 4 月第 1 版
印　　次：2020 年 4 月第 1 次印刷
开　　本：880mm × 1230mm　1/32
印　　张：5
字　　数：158 千字
定　　价：39.00 元

罗仲春

男，1935年2月生，湖南省安化县人，高级工程师。曾任湖南省新宁县林业局总工程师，湖南省人大代表。从事林业工作60余年，发表论文66篇；获科研成果奖项22项，其中省部级科学技术进步奖5项；特别对银杉、南方红豆杉、木兰科植物的栽培繁殖研究颇有成就。长期从事植物的考察和标本采集，对湖南省新宁县的植物区系非常熟悉。曾被授予全国农林科技推广先进工作者、湖南省劳模、湖南省优秀中青年专家称号。1991年起享受国务院政府特殊津贴。

罗斯丽

女，1987年6月生，湖南省新宁县人，于2011年在南京林业大学设计学院获得学士学位，2014年在中南林业科技大学家具与艺术设计学院获得硕士学位。现任职于湖南省邵阳市新宁县金石镇政府。

刘红霞

女，1968年8月生，山西五台县人。在北京林业大学获得硕士和博士学位，从1993年至今一直在北京林业大学林学院森林保护学科从事教学和科研工作，主要研究方向为兰科植物菌根生物学及园林植物病害控制。发表科研论文50多篇，参与专著及教材编写6部。

罗毅波

男，1964年8月生，中国科学院植物研究所研究员，协同进化与生态适应研究组组长，博士生导师；国际自然保护联盟(IUCN)兰花专家组(OSG)亚洲区委员会主席、国际兰花委员会(世界兰花大会)委员、中国植物学会兰花分会理事长。曾在湖南省新宁县林科所工作7年，主要从事珍稀树种的引种驯化和野外植物考察工作。后在中国科学院研究生院获得硕士和博士学位。1999年博士论文获中国科学院院长奖学金特别奖。目前在中国科学院植物研究所系统与进化植物学国家重点实验室工作。主要从事协同进化和生态适应、中国兰科植物多样性和保护等方面的研究。发表科研论文142篇，科普文章38篇，参与专著编写15部。获科研成果奖6项，其中省部级科学技术进步奖3项，中国科学院自然科学进步奖一等奖1项，国家自然科学进步奖二等奖1项，国家科学技术进步奖二等奖1项。

自序：我的十年"仙草"情

六十年的绿色人生

我是一名林业工作者，1935 年 2 月生，湖南安化人。1957 年毕业于长沙林校。当时我学习成绩优异，学校领导留我任教。但我觉得仅学了点理论知识，没有实践，心中并没有底，于是毅然决定向组织申请"给我十万亩荒山，干一番绿色事业"的请求。就这样，我于 1957 年 7 月由湖南省林业厅直接分配到湖南省新宁县国有万峰林场工作。同年 6 月 14 日我光荣加入中国共产党。到 2017 年 7 月，我的工龄、党龄都是 60 年，而且一直在搞林业工作，天天跟绿色植物打交道。60 余年来，我发表论文 66 篇，出版专著 6 部，获科研成果奖 22 项，尤其在银杉的繁殖、珍稀树种引种驯化、铁皮石斛栽培及新宁的植物区系方面取得了重大成就。自 1991 年 10 月 1 日起我开始享受国务院特殊津贴。先后荣获"全国农林科技推广先进工作者""湖南省劳动模范""湖南省优秀中青年专家""湖南省优秀科技工作者""湖南省优秀共产党员"称号。1992 年获邵阳市"科技兴邵"奖，2006 年被评为"湖南省十大老科技精英"，2008 年被中国老科协评为"全国优秀老科技工作者"，2015 年获"湖南省离退休干部先进个人"，2017 年获邵阳市"五好离退休干部党员"等多项荣誉称号。

72 岁学种"仙草"（铁皮石斛）

在中国科学院植物研究所任研究员、博导的儿子罗毅波，于 2008 年承担一个科研课题，即科技部"十一五"国家科技支撑计划重点项目"中国重要生物物种资源监测和保育关键技术与应用示范"中的子课题"重要兰科植物的繁育技术示范",试验地设在崀山石田村何烈熙、刘叙勇处,面积 3 亩,项目负责人为海南大学宋希强教授。实验要求对铁皮石斛栽培的全过程进行详细记录,包括做床、建棚、栽培基质、苗木质量、田间管理等等。宋教授缺少常住石田基地的实验记录人选,罗毅波便要求我担此重任。当时我 72 岁,年纪偏大,而且我是学造林的,对于铁皮石斛这种珍稀植物没有见过,心中没底,不敢接招。儿子说:"爸,银杉那么难育,您都搞成功了,难道还怕铁皮石斛不成功?"到此,我没有退路,只得接了任务。2008 年冬季,送来了一万多株苗,分两处栽植,刘叙勇处栽 8000 株,何烈熙处栽 2000 株。刘叙勇处我按培育银杉苗的经验,用薄膜全覆盖,棚内雾气弥漫,湿度很大,开始苗木生长很好,可没过多久就发生严重的软腐病,8000 株苗全死了,铁皮石斛第一次给我一个深刻教训。幸运的是,何烈熙处栽在坡地梯土上的 2000 株,却奇迹般地活了。为了防寒,何烈熙搭建了高低棚,高面用草帘挡风,顶端及低面用薄膜防寒,似乎防寒效果不及刘叙勇处。这次失败,给了我极大的教训,也促使我想清楚了一个关键的技术问题,即铁皮石斛是附生植物,任何栽培方法,都必须通风透气排水良好。后经过仔细观察研究,终于摸清了铁皮石斛的生物学特性,使全县铁皮石斛栽培面积由 3 亩发展到 300 亩,栽培技术已完善成熟。

十年栽培,成果丰硕

首先,筛选出一个优良品系——崀山铁皮石斛。这是罗毅波于 1995 年 6 月下旬在崀山石田发现的。1997 年 6 月至 1999 年 6 月通过 3 年野外观测研究发现,它是崀山丹霞石壁上自然分布的多年生附生植物。经人工授粉、组培生产大量种苗,后进行大面积的人工培育。有关专家研究发现,崀山铁皮石斛有 8 种化合物组成成分,可以增强人体记忆力,有可能为解决老年人痴呆问题做出贡献。崀山铁皮石斛口感特好，微甜、黏牙、渣少（含渣量约 12%～15%，其他品种的铁皮石斛含渣量约 20%～25% 或更多）。我近两年品尝过云南、广西、安徽、贵州等地所产的铁皮石斛鲜条、枫斗，没有哪个地方的品种质量超过崀山铁皮石斛。

其次，创新了一个新的栽培模式——大棚石块栽培。该栽培模式通气、排水特好，能接地气，抗旱性能强，仿原生态，丰产稳产，管理粗放，节约成本，种出来的鲜条质量可以与野生铁皮石斛媲美。

第三，培养了一批"土专家"，他们熟练掌握了铁皮石斛栽培全过程技术以及人工授粉技术。技术能手如陈孝柏、何烈熙、何太平、刘叙勇、伍细莲、蒋达财、邓小祥、李杨林、陈军、王泽民等约 100 余人。

第四，2011 年铁皮石斛原生态栽培被鉴定为省级科研成果，为新宁崀山珍稀植物研究所及湖南崀霞湘斛生物科技有限公司和湖南崀霞湘兰生态科技有限公司争取推广项目资金 200 多万元。

第五，完成湖南省老科协技术创新项目"崀山铁皮石斛阔叶林树干种植创新试验研究课题"。试验地圈地 100 亩，试验地里 100 年以上的水源林古树 42 株，共栽二年生崀山铁皮石斛苗 594 丛，3445 株。这 42 株古树，隶属 12 科 14 属 15 种。其中常绿树种 28 株，且以壳斗科的苦槠、甜槠为主，二者共 23 株，占 42 株的 54.8%，两个树种上栽植铁皮石斛 360 丛，占栽植总数 594 丛的 60.1%。目前树干栽植已 2 年，安全度过了伏天高温、干旱和冬季雨雪冰霜，成活仍达 100%。2016 年共生长新植株 1782 株，2017 年新生植株约 2000 株，现在树干总共有植株约 7000 株。总结发现，壳斗科树种栽植铁皮石斛，有利于其共生真菌的生长，能显著提高石斛的成活率。树干栽植崀山铁皮石斛不影响树木生长，还能有可观的经济收入，具有广阔的发展前景。新宁县凡海拔 600 米以下的松、杉、阔叶林树干上都可以栽种铁皮石斛。栽种技术简易，管理方便，易于推广，是脱贫致富的好项目。

第六，2017年崀山铁皮石斛人工授粉大丰收。湖南崀霞湘斛生物科技有限公司和湖南崀霞湘兰生态科技有限公司落户新宁，计划第一期工程在崀山联合村栽种崀山铁皮石斛1000亩，需要大量的果实来培育大批的种苗。黄龙镇茶亭子金崀铁皮石斛合作社种植了64个大棚的崀山铁皮石斛，种苗来源清楚，是正宗的崀山铁皮石斛，正值盛花年龄。于是委托金崀合作社于2017年人工授粉生产崀山铁皮石斛果实8000~10000个。根据我多年人工授粉的数据统计，崀山铁皮石斛每授粉100朵花，只能成果5个，95%的花会败育。这意味着生产1万个果，必须人工授粉20万朵花。经合作社精心组织，我3次亲临现场解难题，通过20多天的艰苦奋战，战胜了当年长时间的连绵阴雨天气，终于完成20万朵花的授粉任务（其中白洋坪基地授粉2万朵），2017年11月共收获崀山铁皮石斛果实24739个（其中白洋坪基地2400个），一半用于公司组培阳光苗，一半交云南大学高江云教授用于直接播种试验。

第七，4000多篇日记，记录了对"仙草"的无限深情。我自2008年参加铁皮石斛栽培试验以来，坚持每天写铁皮石斛日记，历时十余年，共写了17本，4000余篇，约65万字，还有几千幅铁皮石斛照片，可称得上"全国第一人"。2016年以前主要记录栽培方面的技术及病虫害防治方法；2016年以后，腿脚不灵便了，下乡困难，怕跌倒，主要收集研究铁皮石斛加工利用方面的信息及各地产的铁皮石斛产品质量差异及汤色变化。特别是着重探寻崀山铁皮石斛的秘密。我发现崀山铁皮石斛很"聪明"，会用保护色保护自己，避免种群遭到灭绝。崀山铁皮石斛叶片、茎都是紫红色的，与丹霞石壁同色，这就是保护色，有了这种保护色就很难被动物发现，从而有效地保护了自己。铁皮石斛日记还在写，这是我每天必修的功课。有人问我，什么时候不写了？我说，脑子糊涂，拿不住笔就不写了。

崀山铁皮石斛名扬天下

中央电视台 4 套、10 套节目组 3 次来新宁拍摄崀山铁皮石斛，节目播出后全国反响很大。

第一次是 2012 年 10 月 11～18 日，中央电视台 10 套科教频道编导李明等在崀山拍摄、采访工作 8 天，还到我家采访。片名为《绝壁仙草——悬崖寻找还魂草》，于 2013 年 5 月 10 日 17:30 在《地理中国》栏目播放；2013 年 5 月 11 日 6:00 至 10:00 重播。后来也多次重播。

第二次是 2014 年 5 月 24 日，中央电视台 10 套科教频道高宏等到崀山及我家采访、拍片。2014 年 6 月 14 日 21:00 央视 10 套"中国记忆""中国文化""自然遗产"栏目播放了崀山的自然景观及生物多样性和崀山铁皮石斛，反响热烈，上万名网民热评。

第三次是 2014 年 6 月 26 日，中央电视台 4 套中文国际频道孙海、王京京（著名女记者）等 4 人在新宁崀山、黄龙镇茶亭子及我家采访、拍摄 4 天，制成《崀山胜景遇仙草》节目。该节目于 2014 年 8 月 7 日 20:00 在央视 4 套《走遍中国》栏目首播。此节目在全国影响最大，几乎各省地方台都转播了，特别是陕西农林卫视的《惠民科普宣传》栏目从 2015 年 2 月 24 日至 3 月 24 日，每天播放两次，连续播放 30 天。全国各地群众前来茶亭子参观的人很多，最多一天达 1000 余人。我收到全国各地寄来的挂号信达 100 余件。以后湖南卫视、上海东方卫视、广东电视台多名记者前来崀山采访，目睹崀山铁皮石斛的风采。

著书立传写春秋

近年来我一共写了 4 本书，已正式出版 2 本。这 4 本书中有 2 本是根据铁皮石斛日记中的精华写成的。这 4 本书情况如下。

1.《铁皮石斛原生态栽培技术》已由中国林业出版社于 2013 年 7 月出版发行。该书销量很好，已增印 7 次，是同类书籍中销量最好的一种。

2.《崀山草木情》已由中国科学技术出版社于 2016 年 7 月出版发行。该书社会评价很好。北京大学刘华杰教授评价此书为"具有悠久传统的博物学著作,是我国本土植物博物学第一本著作"。2016 年 11 月 30 日评选的华文好书入围图书 80 本,其中生活类 20 本,《崀山草木情》入选。2016 年《中华读书报》评出 2016 年十大好书,《崀山草木情》评为十佳图书之一。

3.《天书·铁皮石斛》是从我 2013 年以后的铁皮石斛日记中提炼出来精华写成,同时参考全国多名兰科专家的著作及文章;还包括博物画家李聪颖女士的十余幅手绘画。崀霞湘斛生物科技有限公司和湖南崀霞湘兰生态科技有限公司出资 10 万元资助本书的出版。

4.《植物生涯六十年》一书初稿已完成,出于对林业的热爱至极,故写此书。50 多种植物,50 多个故事,展现出绿色人生,精彩纷呈。八十老翁,干事认真;一片丹心,对党忠诚。该书于 2016 年 9 月 15 日动笔,历时 218 天完稿,平均 4.36 天完成一篇,目前尚在筹备出版的过程中。

"仙草"的春天

崀山铁皮石斛被誉为丹霞石壁的"精灵",人间"仙草"。被企业家王启才先生看中,经新宁县委、县政府领导们的多方努力,崀霞湘斛生物科技有限公司和崀霞湘兰生物科技有限公司总部于 2017 年 9 月从长沙迁至新宁,并与崀山镇联合村签订了第一期 1000 亩崀山铁皮石斛生态种植基地的租地合同,目前基地第一期已经建成,后续建设正在推进中。基地建成后将涵盖崀山铁皮石斛生态种植示范、生态旅游观光、铁皮石斛幼苗驯化等多方面,将成为带动农户种植崀山铁皮石斛,拉动崀山旅游经济的重要窗口。在崀霞湘斛生物科技有限公司和崀霞湘兰生物科技有限公司的示范带领下,崀山铁皮石斛将迎来大发展,实现"石上长黄金""树上结钞票",迎来全县人民脱贫致富的春天。

前 言

罗仲春先生从 2008 年 9 月 21 日开始，每天坚持记录有关铁皮石斛的事情，而将铁皮石斛称为"天书"则是他在 2013 年 1 月 27 日的石斛日记中有感而发的。尽管我国铁皮石斛产业取得长足发展，但对于铁皮石斛这个物种各个方面的特性认识还很肤浅，仍然可以认为是一本"天书"。这主要表现在两方面。一方面，对铁皮石斛物种本身的基础研究不够全面和深入。以 2015 年我国发表铁皮石斛相关文献为例，通过检索中国知网数据库，正式发表的文献题目中有铁皮石斛的文章共有 356 篇；有关栽培方面的 148 篇；成分和应用方面有 121 篇；综述性文献有 34 篇；分子生物学方面有 29 篇；有关铁皮石斛物种本身生物学的仅 24 篇，其中包括 12 篇有关铁皮石斛共生真菌分离和应用领域的。这种文献的严重不均衡性反映的是研究方向存在明显的偏离，从而导致铁皮石斛物种生物学特性方面仍然是"天书"的状态。例如对铁皮石斛生活史各个阶段的了解还很浅显。以光合作用特性来说，铁皮石斛是一种兼性景天酸代谢植物，其光合碳同化在环境胁迫条件下以景天酸代谢途径为主，在适宜环境中则表现为 C_3 途径，但我们对这两种光合途径转换发生的条件以及不同光合作用途径对产量和质量的影响却没有定论。另一方面，众多的正式发表文献中，绝大多数偏向学术类型，通俗易懂的相关科学常识和道理却很少。这种理论和产业相互脱离的结果，就造成广大铁皮石斛产业具体实践者，包括技术人员和管理人员，觉得铁皮石斛还是一本"天书"，他们遇到问题的时候更多地是凭经验来解决，而不是靠科学技术手段。

正是基于上述对"天书"的各种考虑，本书在第一部分重点介绍了一些铁皮石斛物种本身的生物学"故事"。从事铁皮石斛产业的不同人群可以从这些故事中了解自己所需要的知识。比如，"铁皮石斛名称的故事"可以让相关人员了解植物学命名是一件非常严肃的事情，需要很多学科的积累和综合，才能使一个名称得到大家的接受。"铁皮石斛的前世今缘"则告诉大家植物分类学家和系统学家的工作可以为我们提供哪些启示。而介绍铁皮石斛光合特性和共生真菌特性的部分，则可以为从事铁皮石斛栽培种植的人提供很好的科学基础。本书的第三部分则是在第一、二部分基础上，针对湖南省新宁县的一个本地铁皮石斛品种——崀山铁皮石斛，系统总结多年来各种栽培模式的经验和教训，详细记录了铁皮石斛从瓶苗开始到采收等各个环节的操作方法和技术。

通过这种基础性知识与具体案例的结合，希望读者在了解铁皮石斛基本特性的基础上，能够对崀山铁皮石斛的具体案例进行分析和借鉴，使得这些源自第一手的栽培经验资料能为我国铁皮石斛栽培模式的多样化提供帮助。同时希望本书简单朴素的语言以及第一手彩色照片和手绘图能帮助更多的人较为容易地掌握铁皮石斛不同栽培方法和模式的关键技术和要领，使铁皮石斛成为我国南方和西南贫困连片山区中居民脱贫致富、保护和建设生态环境的一个重要平台和途径。最后，我们认为铁皮石斛多样化的栽培模式将为社会提供多样化的产品，满足不同人群的差异化需求，从而为铁皮石斛产业发展提供新的机会。

目　录

第一篇

"天书"
铁皮石斛

一、铁皮石斛名称的故事

铁皮石斛具有重要的药用价值，在多个行业被广泛利用，但是其名称的使用有些混乱。与铁皮石斛混淆的中文名称有黄石斛、霍山石斛等，而与铁皮石斛相对应的常见拉丁学名有 3 个，分别是 *Dendrobium candidum* Wall. ex Lindl.、*D. officinale* Kimura & Migo、*D. catenatum* Lindl.。造成这种混乱局面的原因是对铁皮石斛及其近缘种类的认识不清，同时也由于部分学者没有从传统中药材应用的角度去考虑问题。铁皮石斛是我国传统中药材，中文名称的频繁变动将会令其他行业的使用者感到困惑，造成诸多不便。如 2009 年出版 *Flora of China*（Vol. 25）中的相关作者就废弃了"铁皮石斛"这一常用的名称，采用"黄石斛"为中文名，结果在中药材行业造成了一些本可以避免的混乱。

有关铁皮石斛及其近缘种的认识问题，体现了科学研究的客观过程。随着研究的不断深入，因物种认识问题所造成的名称混乱会得到逐步澄清。我国最早的石斛属分类学者吉占和研究员在 1980 年发表的一篇有关中国石斛属植物分类研究综述文章中认为，*D. candidum* 与铁皮石斛是同一物种，而将 *D. officinale* 列于其下，视为同物异名。这种观点得到 2002 年出版的 *The Orchids of Bhutan*（《不丹兰科植物》）中相关作者的支持。但吉占和研究员在 1999 年出版的《中国植物志》（第 19 卷）中修订了他 1980 年的观点，认为 *D. candidum* 与铁皮石斛不是同一物种，恢复了 *D. officinale* 的种名。事实上，*D. candidum* 的模式标本产于印度东北部，中国不产此种。从形态的角度看，*D. candidum* 与细茎石斛 *D. moniliforme* 十分相似，大多数专家都主张予以归并。*Flora of China* 相关作者也持这种观点。

而 *D. catenatum* 和 *D. officinale* 之间混淆则是命名法规的应用问题。*D. catenatum* 这一名称发表于 1830 年。J. Lindley 在发表此种时认为其产于日本和中国，但未指定模式标本。此种的后选模式标本（Lectotype）系由 P.

Ormerod 选定，是 Reeves 的一幅彩图，保藏于英国皇家园艺学会（Royal Horticultural Society）图书馆。按照《国际植物命名法规》同一等级的最早合法名称具有优先权的规定，*D. catenatum* 是此种植物同一等级的最早合法名称，故 H. P. Wood（2006）在其专著中认为 *D. catenatum* 与 *D. officinale* 为同物异名，从而采用了 *D. catenatum*，而将 *D. officinale* 作为异名。这一观点也被 *Flora of China* 中的相关作者采纳。但在 2015 年 4 月，中国科学院植物研究所金效华副研究员和中国中医科学院的黄璐琦研究员在国际刊物 *Taxon* 上提出保留 *D. officinale* 的名称并放弃使用 *D. stricklandianum* Rchb. f.、*D. tosaense* Makino、*D. pere-fauriei* Hayata 等 3 个名称的提案。该提案发表后，使得本来就已经复杂的铁皮石斛拉丁学名问题变得更为复杂。好在除 *D. tosaense* Makino 外其他两个拉丁学名并不常用。该提案的核心证据有两个方面，一方面是 *D. catenatum* 后选模式标本彩图中所表现出的特征包括具有大花、花瓣白色、唇瓣矩形并为白色、唇瓣基部黄色且在中央有一个紫色斑点以及合蕊柱远长于蕊柱足等，这些特征与 Ormerod 以及 *Flora of China* 所指 *D. catenatum* 物种的特征不尽相符。同时还认为该幅彩图中所呈现出的叶片、花瓣等特征与细茎石斛等 3 种其他石斛属植物相似；茎则相似于串珠石斛 *D. falconeri*；而唇瓣又与滇桂石斛 *D. guangxiense* 相似。最后，该彩图上的中国文字显示为"罗浮山石兰"。罗浮山是广东省的一个地名，迄今该地区没有 *D. officinale* 的记载。因此，*D. catenatum* 的后选模式标本与 *D. officinale* 并非同一物种，*D. officinale* 不能被归并入 *D. catenatum*。另一方面的证据则来自网络的统计数据。通过对 3 个常用学术数据库的搜索（JSTOR、Web of Science 和 Google Scholar，搜索时间是 2015 年 3 月 2 日），发现 *D. officinale* 使用的频率远高于 *D. stricklandianum*、*D. tosaense*、*D. pere-fauriei*、*D. catenatum* 这 4 个名称。这种证据是否可以作为保留名的依据可能还需进一步讨论。而这篇文章证据的可信度也是值得商榷的。首先，*D. catenatum* 的后选模式标本彩图中是否有比例尺需要进一步确认。如果没有比例尺，那么一些关键性状，例如大的花，就是一个主观形成的特征，是不可靠的。其次，既然这幅后选模式图的不同器官可能代表不同的石斛属物种，那这个后选模式标本就是不合适的，应该废弃而重新进行后选模式的指定。有意思的是，*D. catenatum* 的后选模式标本这幅彩

图 1-1-1 铁皮石斛
Dendrobium officinale 模式标本
图片 拍摄者 金效华
K. Kimura 标本
标本采集号：340307a 兰科植物
名称：*Dendrobium officinale*
　　　K.Kimura et Migo.
产地：浙江奉化县，中国
采集时间：1934 年 3 月 7 日
采集人：K. Kimura
备注：在上海药材市场上获得

图，由于是英国皇家园艺学会的收藏品，要想亲眼看看这幅彩图需要严格的程序才能实现，并且只能通过特许才能拍照，照片只能允许当面看，不能用作任何其他用途，包括发表正式学术文章（金效华个人通讯信息）。这种不可思议的苛刻要求极大地妨碍了人们深入了解该名称所代表的铁皮石斛形态，从而给铁皮石斛名称人为增加了很多神秘色彩。而 *D. officinale* 的模式标本则来自中国东部浙江的一个药材贸易场所（图 1-1-1），两个名字的模式标本都不是直接来自野外的植株。因此，这两个名称的模式标本为铁皮石斛这个物种所提供的形态特征信息是有限的。

考虑到铁皮石斛拉丁学名的复杂性和争议性，我国中药材行业中的权威法典——2015 年版《中华人民共和国药典》（简称《药典》）中的相关作者对于铁皮石斛的拉丁学名没有采用符合《国际植物命名法规》的、并在国际上几乎所有与生物物种名录公开权威网站中都采用的名字 *D. catenatum*，而是沿用传

统使用的拉丁学名 *D. officinale*。在国际植物学大会命名法规委员会没有做出最终表决之前，《药典》的这种做法将会给铁皮石斛作为药用植物在国际市场的使用造成一定的人为障碍。

在经典分类学领域，存在"大种"概念和"小种"概念。吉占和研究员在1980年发表的中国石斛属植物分类修订文章中，对霍山石斛采用的是所谓"大种"概念，他将产于安徽、江西、浙江和湖北等地的与铁皮石斛相似但唇瓣形状有所差异的石斛属植物标本与产于中国台湾和日本的黄石斛 *D. tosaense* 视为同一个种，并采用我国中药名著《本草纲目》中的一个名称：霍山石斛。但3年后，就有学者提出不同观点，发表了一个石斛属新种 *D. huoshanense* C. Z. Tang & S. J. Cheng。有趣的是该新种的作者也将霍山石斛这个传统中文名称用到这个新的物种。幸运的是分类学领域中，《国际植物命名法规》中的规则只针对拉丁学名，而不适用于其他语言的植物学名称。从而就避免了后来学者"违规"使用"霍山石斛"这个名称的尴尬局面。事实上，吉占和研究员也接受了后来学者提出的新观点，在1999年出版的《中国植物志》（第19卷）中将黄石斛和霍山石斛分为两个物种，并认为与铁皮石斛亲缘关系密切的物种有4个，包括细茎石斛 *D. moniliforme* (L.) Sw.、广西石斛 *D. guangxiense* S. J. Cheng & C. Z. Tang、霍山石斛 *D. huoshanense* 和黄石斛 *D. tosaense*。但 *Flora of China* 中又将霍山石斛和黄石斛归并入 *D. catenatum* 名下作为异名处理。显然，此书中的中外兰科植物分类学家又青睐"大种"概念。有关霍山石斛和黄石斛这两个物种的分类地位问题，以及与铁皮石斛的关系问题需要做进一步的全面研究和探讨。

铁皮石斛 *D. catenatum* 的分布范围也由于物种本身的界定而出现一定的混乱。在1980年的分类修订文章中，吉占和研究员是将 *D. candidum* 与铁皮石斛作为一个种处理，所以在其分布范围的描述中，就包括印度西北部至东北部（包括锡金邦）、尼泊尔、不丹、缅甸北部等地。而在1999年出版的《中国植物志》中，吉占和研究员就将上述地点排除在铁皮石斛分布区域之外。后来的学者基本沿用吉占和研究员的观点，只不过记载分布地点随着调查的不断深入而增多。铁皮石斛目前可以认为是中国特有种，分布于安徽、浙江、福建、江西、湖南、广东、广西、四川、云南，但缅甸北部是否有分布还有待进一步调查。

图 1-1-2 野生铁皮石斛   图 1-1-3 野生铁皮石斛

图 1-1-4 野生铁皮石斛手绘图

二、铁皮石斛的前世今缘

尽管铁皮石斛越来越被人所熟知，但对其生物学的了解却还是局限于少数研究学者。从进化历史开始，即从当今现存植物祖先的起源和演化开始，是探究植物生物学的最佳切入点。通过深入了解起源和演化历史，利用各种手段来研究现存植物之间的亲缘关系，才能很好地全面理解和充分利用以及保护地球上植物的多样性。尽管铁皮石斛是一个生物学意义上的物种，但由于其分布广泛，在种群水平铁皮石斛具有很高的多样性。因此，要充分利用并保护铁皮石斛在种群水平上的多样性，就必须要先了解铁皮石斛的"前世今缘"。所谓的"今缘"，就是指铁皮石斛与现存的其他石斛属植物之间的亲缘关系；而"前世"则指铁皮石斛这个物种与其他石斛属植物分化的相对时间以及铁皮石斛这个物种在地球上出现的时间。

认识铁皮石斛与其他石斛属植物之间的亲缘关系首先是依据形态特征，特别是花部形态特征来确定。但对于一个有着 1500～1800 个物种的石斛属大家族来说，根据有限的花部形态特征和植株形态特征来评价谁和谁更相似，在不同的分类学家和不同地区或国家的分类学家之间存在激烈的争论显然是一件再正常不过的事情。历史上从植物分类学家 Swartz 于 1799 年建立该属开始，至少有 10 位植物分类学家专门针对世界范围的石斛属植物进行过形态上的分类和相似程度的比较（学术上称为建立分类系统），可以想象他们的结果是如何的不一致。而在我国，第一个对中国产石斛属植物从形态和分类上进行系统整理的是已故的吉占和研究员。他在 1980 年发表的题为《中国石斛属植物初步研究》一文中，声称所采用的分类系统基本沿用《马来西亚植物志》所采用的石斛属植物分类系统，即 R. E. Holttum 教授的系统。在这篇文章中，铁皮石斛被安排在大花石斛组这个家族中，其中花形态上与铁皮石斛最相似的是吉占和研究员在这篇文章中所提到的"霍山石斛"。遗憾的是这个所谓的"霍山石斛"实际上是目前大家公认的黄石斛。R. E. Holttum 教授并非兰科植物分类专家，更谈不上对石斛属植物很熟悉，至于吉占和研究员为什么偏偏选择这个分类系统，已经无从考证了。有可能是由于当时可参考的资料有限不得已而为之的缘故。

而在 1999 年出版的《中国植物志》（第 19 卷）中，吉占和研究员显然放弃了沿用《马来西亚植物志》的石斛属分类系统的做法，但却没有明确说明采用哪个分类系统。只是将铁皮石斛放到石斛组中。尽管在铁皮石斛以及石斛组的其他种的描述中，吉占和研究员都没有指出铁皮石斛在形态上与哪个石斛属物种相似，但从他编制的中国石斛属植物检索表中可以推测，他本人倾向认为铁皮石斛与细茎石斛、霍山石斛、黄石斛、曲茎石斛、滇桂石斛等 5 个种都相

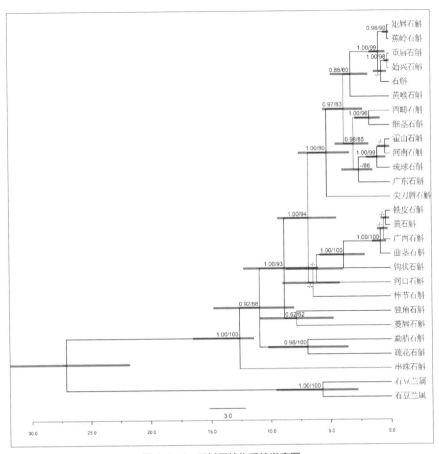

图 1-2-1　石斛属植物系统发育图

似，均具有花小、萼片长度短于 2.5 厘米等形态特征。在 2009 年出版的 *Flora of China*（Vol. 25）中，虽然铁皮石斛也被放在石斛组中，但对于石斛组的界定以及铁皮石斛和与其相似种的认识，显然受到分子系统发育研究结果的强烈影响，因此不能再称之为形态分类系统。

由于形态特征的分类性状数量有限，可提供的变异信息很少，利用形态特征来判定物种的亲缘关系往往受到严重限制，对于石斛属这样一个庞大的家族来说更是如此。因此，利用丰富基因片段的核苷酸位点变异信息，成为构建物种亲缘关系的有效手段。最早利用核苷酸位点变异对石斛属植物进行亲缘关系探讨的是 1993 年日本学者 Yukawa Tomohosa 博士及其合作者。之后他本人通过基因片段的增多和采用更多的石斛属物种，又作了 4 次更新和修改。后来又有 6 位学者对石斛属植物的亲缘关系进行了比较有影响的研究。其中物种数目最多、最全面以及利用基因片段数目最多的研究来自中国的 2 个研究团队。2013 年中国科学院植物研究所向小果博士及其团队正式发表了一篇论文，其研究包括 109 种石斛属植物，利用了 5 个基因片段。随后，在 2015 年该所的徐晴博士及其团队利用 217 种石斛属植物和 8 个基因片段对石斛属植物的亲缘关系进行深入研究，但该工作成果目前还未正式公开发表。对于铁皮石斛来说，后人的基因研究手段与吉占和研究员的形态研究手段一致的结论是铁皮石斛都属于石斛组，尽管前者的石斛组包括的石斛种类与后者有较大的差异，但对于哪些石斛属植物与铁皮石斛亲缘关系最近，二者则有不同的观点。向小果博士和徐晴博士的研究结果都认为铁皮石斛及其相似的种类，与细茎石斛及其相似的种类是不同的 2 个小"家庭"。铁皮石斛与曲茎石斛、黄石斛、钩状石斛等几个石斛物种组成一个小"家庭"。从形态来看，钩状石斛这个新成员来自一个名为瘦轴组的家族。这个结果似乎有些让人费解。而细茎石斛这个小"家庭"包括的中国产石斛种类则比较多，如霍山石斛、河南石斛、西畴石斛、文山石斛、梵净山石斛、广东石斛等种类（图 1-2-1）。

要弄清铁皮石斛的"前世"，即铁皮石斛这个物种与其他石斛属植物分化的相对时间以及铁皮石斛这个物种在地球上出现的时间，有两种策略。一种策略是直接利用化石提供的信息来判断；另一种策略则是利用分子进化模型用基因片段或全基因组的信息来估测，即所谓的分子钟手段。兰花的化石十分稀有，目前最为可靠的兰花化石是来自北美洲多米尼加共和国一块琥珀里的一种蜜蜂身上携带的兰花花粉块。从花粉块的形状判断，其应属于斑叶兰亚族。这块琥珀化石本身的年代在 1500 万～2000 万年之前。根据该化石的地质年代、化石中花粉块向高级树兰类花粉块演化模型推算的时间节点，以及根据分子钟模型计算出的进化时间，综合分析后的结果显示包括铁皮石斛在内的高级树兰类起源时间大约在 4200 万年前至 5900 万年前。而在参考更多兰科植物外类群的化石地质年代和分子进化模型综合分析后于 2015 年 8 月发表的一个研究结果表明，自大约 1.12 亿年前第一批兰科植物开始出现，约 9000 万年前古兰科植物家系开始相互分化；然后，在约 6400 万年前出现了一次重要的创新进化，即兰科植物进化出了一种将花粉凝结成黏球（即花粉块）的特征。而高级树兰类起源的时间大约在 3080 万年前至 3790 万年前。考虑到铁皮石斛在高级树兰类中的进化地位比较高，可以推断铁皮石斛这个物种起源的时间应该晚于高级树兰类起源的时间，即最早晚于 5900 万年前，最晚晚于 3790 万年前。由此可见，上述不同的间接分析方法和间接证据推算出来的铁皮石斛起源时间相差甚大。

　　既然间接分析方法和间接证据对铁皮石斛起源时间的推测相差较大，那么缩小这种差异范围的唯一策略就是利用直接证据来估测。同样，利用直接证据来估测也可以是基于化石证据和铁皮石斛全基因组序列比较等证据。迄今为止，仅有的一块被认为是石斛属植物的大化石是来自新西兰的一块叶化石。形态上该化石的叶子与现今许多石斛属植物的叶子很像，但是否就是石斛属植物还存在一定的争论。这块叶化石的地质年代约在 2300 万年前。基于这块化石，对石斛属分化时间估测的结果是大约 3200 万年前。这个估测结果在 2015 年 8 月发表的高级树兰类分化的时间范围内。

　　云南农业大学和中国科学院昆明动物研究所组织的研究团队率先在 2014 年发表铁皮石斛全基因组数据。该项研究的样本来自云南普洱市的人工自交 3 代的植株，共发现铁皮石斛中有 35567 个蛋白质编码基因，通过与已经完成全基因组测序的 6 种单子叶植物和 3 种双子叶植物比较，这 3 万多个基因，可以聚成 13346 个有信息的基因家族，属于铁皮石斛独有的基因家族有 1462 个。通过全基因组分析，该研究团队认为铁皮石斛与棕榈目、姜目和禾草目（均为单子叶植物）大约在 1.22 亿年前发生分离，与双子叶植物分离的时间大约在 1.3 亿年前。在同一年，以深圳市兰科植物保护研究中心为核心的研究团队也完成了直接采自野生铁皮石斛的全基因组测序工作，共发现有 28910 个蛋白质编码基因。更为重要的是基于 677 个单拷贝基因的比较，得出铁皮石斛与小兰屿蝴蝶兰（全世界第一种具有全基因组信息的兰花）分化的时间大约在 3800 万年前。这个估测结果与化石推测结果接近，都没有超出 2015 年 8 月发表的高级树兰类分化的时间范围。应该说这是在缺乏化石等直接证据的情况下，对铁皮石斛起源时间的最直接的一个估测。

为了更准确地估算铁皮石斛的分化时间，可以在系统发育分析基础上，利用化石时间标定点进行分子钟估算的方法。徐晴博士及研究团队基于新西兰的石斛属叶化石（约 2000 万～2300 万年前），在分子钟的标定点上将化石时间设在石斛属的现代澳大利亚分支（新西兰地质历史上与澳大利亚属于同一个陆地板块），估算出现代石斛属类群分化时间出现在 4275 万年前左右，然后利用二次标定估算铁皮石斛及其近缘类群的分化时间。铁皮石斛及其近缘种的系统发育关系分析显示，铁皮石斛与黄石斛、滇桂石斛和曲茎石斛亲缘关系较近，从分化时间来看这个小家庭出现的时间大约在 83 万年前。但要估算铁皮石斛在这个小家庭中与其他石斛种类分化的时间，还需要更多的化石和分子证据。但不管怎样，铁皮石斛在地球上出现的时间远远早于人类利用铁皮石斛的约 2000 年的历史。

三、铁皮石斛识别要点

石斛属植物全世界有 1500 余种，我国也有 80 种之多，识别铁皮石斛的真伪确实难度很大。同时，铁皮石斛产地不同，外部形态及口感差异也很大，这给识别铁皮石斛更是增加了难度。通过反复观测和比较湖南省新宁县所产的多种石斛的形态特征，例如细茎石斛、重唇石斛、罗河石斛、广东石斛、河南小石斛等种类，以及多个铁皮石斛栽培基地内引种的一些石斛种类，提出铁皮石斛有如下 3 个基本特点。

（1）铁皮石斛叶鞘膜质，有紫红色斑点。叶鞘的长度不超过节的长度，而节处有一个黑色的圈。

（2）花的唇瓣中央横生一个紫色斑块，后唇有紫色条纹。

（3）茎微甜、糯性好、黏牙、渣少。

图 1-3-1 崀山铁皮石斛二年生植株紫红色斑点、黑节明显

图 1-3-2　岚山铁皮石斛叶鞘具紫色斑点

图 1-3-3　岚山铁皮石斛花唇瓣中间明显的紫红色斑块

四、铁皮石斛共生真菌

在自然界，几乎所有的生物都不是独立生存的，生物之间的共生是一种极为普遍的生命活动和生态现象。菌根菌是土壤微生物的重要成员，与植物根系形成互惠共生体，即菌根。根据菌根菌的形态解剖学特征，可分为7类，包括外生菌根真菌、内生菌根真菌、丛枝菌根真菌、兰科菌根真菌、水晶兰类菌根真菌、杜鹃类菌根真菌和杨梅类菌根真菌。兰科植物则以单向利用或雇佣菌根真菌而不同于其他菌根植物。兰科植物种类繁多，它们的生存离不开真菌，无论是具有叶绿素的还是无叶绿素的，无论是地生兰还是附生兰，在兰科植物生活史中都有一个非光合作用的阶段而其营养主要依赖于外部的供给，而供给兰花生长所需营养的正是它的共生真菌。在自然界我们会发现兰科植物很多生长在一些其他植物难以生存的特殊生境中，特别是石斛属植物——铁皮石斛尤其如此。在陡峭岩石及高大的树干上都有铁皮石斛的身影，它们之所以能在这些特殊生境中生存的一个重要原因就在于它得到了共生真菌的帮助。

铁皮石斛与很多兰科植物一样，每个蒴果（俗称果荚）都会产生数量很大却微小如尘的种子，种子仅具种皮及数量不多的胚细胞（原胚），无法提供种子萌发所需的营养。因此在自然条件下，种子的萌发取决于在其生境中是否能遇到合适的共生真菌。只有遇到合适的共生真菌，建立共生关系，通过真菌诱导，并由真菌为其提供营养，种子才能开始萌发并维持其分化发育。这一特殊的萌发过程称为共生萌发（Symbiotic germination）。当种子吸水膨胀后真菌随机侵入，真菌一般从胚柄端的柄状细胞侵入胚内，进一步扩展到邻近的胚细胞中，并在这些细胞内形成菌丝团，此时种子开始萌发。随着种子的萌发，胚细胞水解酶将菌丝细胞壁降解。形态学研究表明，萌发真菌菌丝由胚柄侵入铁皮石斛种子的种胚，有菌丝的胚细胞中细胞器消失；菌丝被胚细胞中的质膜包围，后逐渐被分解成为胚萌发所需要的营养物质（图1-4-1～图1-4-3）。在共生萌发过程中，共生真菌除了能够促进种子对自由水分子的吸收、提高萌发效

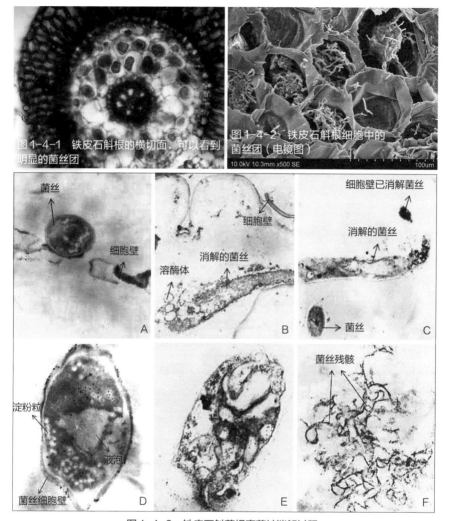

图 1-4-1 铁皮石斛根的横切面，可以看到明显的菌丝团

图 1-4-2 铁皮石斛根细胞中的菌丝团（电镜图）

图 1-4-3 铁皮石斛菌根真菌被消解过程

A. 菌丝破坏细胞壁进入铁皮石斛细胞（横切面），×10000 倍
B. 有溶酶体积聚的菌丝细胞（纵切面），×6000 倍
C. 处于不同消解阶段的菌丝细胞，×15000 倍
D. 结构完整，还未被铁皮石斛细胞消解的活力的菌丝（横切面），×25000 倍
E. 细胞壁及质膜已被铁皮石斛细胞消解，原生质体开始释放的菌丝细胞（横切面），×35000 倍
F. 菌丝被铁皮石斛细胞消解后留下的残骸，×15000 倍

率之外，共生真菌还能利用外源纤维素获得碳水化合物并将其转移至铁皮石斛原球茎中，从而进一步加快原球茎的发育与分化。在自然生境下，相对于铁皮石斛幼苗的根而言，共生真菌的菌丝能够伸展到远处，而且伸向不同方向的根外菌丝会不断生长，将所及之处的矿物质元素、水分等营养物质源源不断地提供给自身以及铁皮石斛植株的生长发育，对种子的萌发及幼苗的生长具有很大的促生作用。

但在铁皮石斛产业化生产过程中，绝大多数是在没有真菌状态下通过组织培养的方式使得铁皮石斛种子萌发并且生长出具有根和叶的幼苗。铁皮石斛种子萌发和幼苗生长所需要的营养都来自培养基。理论上推测这种来自培养基的营养与铁皮石斛在自然状态下共生真菌所能提供的营养是有很大差异的（但目前尚未见此方面的报道）。这种差异对铁皮石斛这种中药材的药效影响有多大还很少有研究涉及，但应该是一个值得讨论与研究的问题。

组培苗是在无菌、恒温、适宜光照和相对湿度接近 100% 的优越环境条件下长成的，并一直培养在富有营养成分与植物生长调节剂的培养基内（类似于异养状态），因此在生理、形态等方面都与自然条件下生长的幼苗有差异。当无菌苗移出培养容器后，首先遇到的是环境条件的变化。组培苗一直在高湿的环境中生长，当将它们移栽到瓶外正常的环境中时，瓶苗的失水率很高。同时，组培苗的营养状态也由培养基供给（异养）转为自己本身供给（自养）。其次，组培苗在无菌的环境中生长，对外界细菌、真菌的抵御能力也极差，容易发生病害。这些铁皮石斛的瓶苗在移栽过程中经历了由无菌到有菌、恒温到变温、弱光到强光、高湿到低湿、异养到自养的急剧转变，因此在这一阶段出瓶苗的死亡率会较高。第三，瓶苗的根系一直生长在营养丰富的固体培养基中，根系通过渗透压的方式将水分和矿物质营养输送到铁皮石斛植株，这种状态下幼苗的根与野生状态下的根功能上有很大的差异。

目前通过组织分离和原地共生萌发等多种方法，已经在自然条件下的铁皮石斛种子萌发初期的原球茎、幼苗中都发现了与其共生的真菌。同时，野生的铁皮石斛成年植株中也发现有与其共生的真菌。野生的成年铁皮石斛附生于岩石表面或树干上，根多暴露于空气中，保护层和储水层发达，根被木质化程度高，但其根的先端部分没有根毛（图 1-4-4～图 1-4-7）。对野生铁皮石斛

图1-4-4 铁皮石斛根紧贴在石灰岩石壁上

图1-4-5 铁皮石斛根附生在石壁上特写

图1-4-6 铁皮石斛根部紧贴在丹霞石壁表面

图1-4-7 树干生长铁皮石斛，显示根顶端部分没有根毛

根的微观观察表明，共生真菌通过外皮层通道细胞进入皮层，并穿透细胞壁在皮层细胞中定殖扩展，直达中柱层，从而为成年植株的生长及开花结实提供养分。因此，至少在自然条件下，铁皮石斛从种子萌发开始一直到开花结实，整个生活史中都与其选定的共生真菌伙伴进行了一生的共生关系。多年来，不同的学者采用不同的方法从自然条件下生长的铁皮石斛原球茎、幼苗及成年植株根部等器官中所分离得到的这些共生真菌的无性态在分类上大多属于丝核菌属（*Rhizoctonia*）成员，其有性型则分别属于角担菌属（*Ceratobasidium*）、胶膜菌属（*Tulasnella*）、瘤菌根菌属（*Epulorhiza*）和蜡壳菌属（*Sebacina*）等。

目前铁皮石斛产业化生产中种苗的唯一来源是利用组织培养技术使种子在含有糖和其他生长因子的人工培养基上大量萌发而获得的。组培苗从种子萌发到生根长叶的瓶苗阶段一直处于无菌状态。无菌的铁皮石斛瓶苗被移栽到栽培基质中后，其营养供应要由培养基供给（异养）转为自己本身供给（自养）。

图1-4-8　岚山铁皮石斛种植4个月后的"蹲苗"期植株状况

图1-4-9　罗仲春在观察种植4个月后处于"蹲苗"期的铁皮石斛植株情况

而这种转变发生的前提就是铁皮石斛幼苗要和基质中的共生真菌建立起共生关系。铁皮石斛无共生真菌的幼苗在基质中寻找能与其共生的共生真菌所需要的时间长短差异比较大，一般需要几个月。在此期间，铁皮石斛幼苗基本上不能生长，保持一种"不死不活"的状态，生产中称为"蹲苗"现象（图1-4-8，图1-4-9）。

影响基质中微生物群落的物理性质主要包括基质孔隙、水分和温度等。基质的孔隙是微生物的主要栖息地，孔隙的大小调控着基质中的氧气含量、水分含量和营养物质的流动。研究表明细菌喜欢生活在孔隙较小的基质中，小空隙能为细菌提供多样的生存环境（如较少的氧气含量可以为厌氧菌提供生长条件），能够减少其被基质微小动物捕食的机会，还能在基质干旱时减缓土壤水分的流失增加细菌生存的机会。相反，包括兰科共生真菌在内的真菌以及放线菌更喜欢生活在孔隙相对较大的基质里。同时，不同微生物群落对水分变化的响应情况不同，活跃的和正在生长的微生物对水分变化的敏感度比不活跃的正在休眠的微生物的敏感度更高。此外，基质中水分还能通过影响基质含氧量来影响微生物群落，当基质水分饱和时基质中含氧量较低更有利于厌氧菌和兼性厌氧菌的生存。最后，温度主要通过影响生物的代谢速率来影响生物的多样性和分布。不同微生物代谢所需的最适温度不同，在一定范围内微生物生长速率随着温度的升高而加快，超过最适温度后，微生物的生长速率反而会减慢。从这些真菌包括兰科植物共生真菌的一般特性可以看出，利用较粗的栽培基质，控制基质的水分以及保持适当的温度等措施，都可以提高基质中共生真菌群落的发展，为无菌的铁皮石斛幼苗找到合适的共生真菌奠定基础，从而缩短"蹲苗"时间。

如果说让无菌的铁皮石斛幼苗在栽培基质中找到合适的共生真菌后开始生长是一种被动策略的话，那么在铁皮石斛生产过程中，还可以采取一种主动的策略。这种所谓的主动策略又根据操作对象的不同进一步分为两类。一类是以栽培基质为操作对象，将通过各种技术手段得到的铁皮石斛共生真菌，以合适的方式人工接种到栽培基质中，形成优势共生真菌群落，使得无菌的铁皮石斛幼苗迅速在基质中找到合适的共生真菌。另一类是以铁皮石斛为操作对象，在组培苗生产过程中，在合适的组培环节将组培苗接种合适的共生真菌。有试验表明，铁皮石斛组培苗接种共生真菌之后，不仅可以提高幼苗叶绿素含量以及光合性能，进而增加幼苗成活率，还能大幅度提升铁皮石斛幼苗的抗逆性及抗病性。甚至可以在铁皮石斛种子萌发时通过种子与真菌共生萌发获得大量被共生真菌侵染的幼苗。此外，共生真菌在铁皮石斛植株生长过程中可以促进茎的干重增加，包括有效成分的含量，尤其是多糖和生物碱含量。因此，在生产中利用在自然状态下铁皮石斛本身就具有的共生真菌来促进铁皮石斛种子萌发和幼苗生长，将菌根技术与组培技术结合，不仅可以降低生产成本、节约能源，同时对于铁皮石斛的生态化种植及中药材的地道性均有极大的帮助，在一定意义上也可实现铁皮石斛的自然回归种植。遗憾的是目前这种主动策略在产业上还没有得到大规模推广。阻碍共生真菌在产业上应用的因素既有技术不完善、不成熟的原因，也有产业界对共生真菌作用认识不到位的因素。

五、铁皮石斛光合作用特性

　　光合作用是指将大气中的二氧化碳转化为有机物，这些有机物既可以在光合作用组织的生物合成过程中被利用，也可以被转化成小分子糖类，通常为蔗糖，并转运到非光合作用细胞里。根据绿色植物光合作用特点，可以将植物分为 C_3 植物、C_4 植物，以及介于这两者之间的景天酸代谢途径（CAM）植物（图 1-5-1）等 3 种类型。C_3 植物光合碳同化途径的初始光合产物是三碳化合物——3-磷酸甘油酸。典型的 C_3 植物有水稻、大豆和棉花。C_4 植物初始光合产物为四碳化合物——草酰乙酸。代表性 C_4 植物有甘蔗、玉米和高粱。尽管 C_3 和 C_4 植物的初始光合产物不同，但这类植物的气孔均白天开放吸收二氧化碳，夜

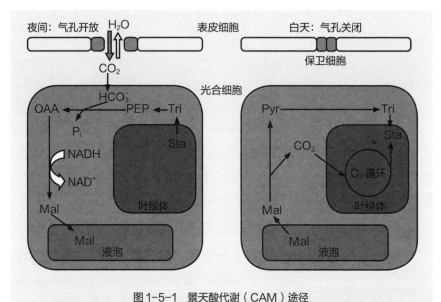

图 1-5-1　景天酸代谢（CAM）途径

Cins(1999) 绘制。Mal: 苹果酸；OAA: 草酰乙酸；PEP: 磷酸烯醇式丙酮酸；Pi: 无机磷；Pyr: 丙酮酸；Sta: 淀粉；Tri: 磷酸丙糖

间关闭。CAM 植物的碳同化途径与 C_4 植物相似，而与光合作用相关的植物形态解剖结构则与 C_3 植物类似，但 CAM 植物气孔白天关闭，夜间开放吸收二氧化碳的特点则不同于 C_3 或 C_4 植物（图 1-5-2）。

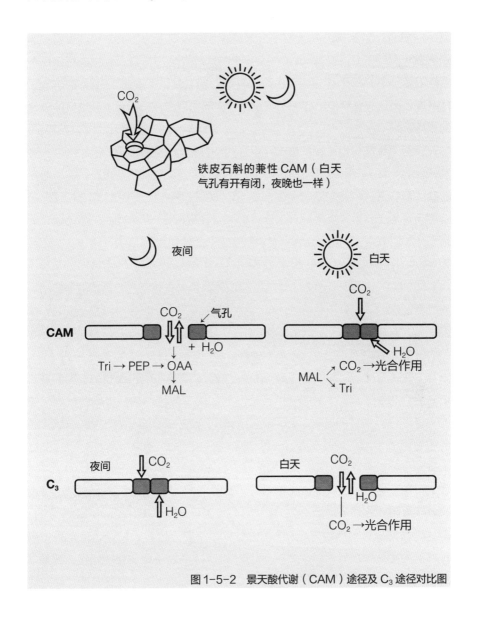

图 1-5-2　景天酸代谢（CAM）途径及 C_3 途径对比图

考虑到白天水分的蒸腾作用一般强于夜间，CAM 植物气孔白天关闭、夜间开放的特点就意味着这类植物的水分利用效率比较高。在一般情况下，每固定 1 克二氧化碳，C_3 植物消耗 $400\sim500$ 克水，C_4 植物则需要消耗 $250\sim300$ 克水，但 CAM 植物只需要消耗 $50\sim100$ 克水。而生物量的生产情况则相反，据报道，CAM 植物每天每平方米的光合面积仅可生产 $1.5\sim1.8$ 克干物质生物量，远低于 C_3 植物的每天每平方米生产的 $50\sim200$ 克干物质生物量。尽管存在水分利用效率和生物量生产率等方面的差异，CAM 植物高效的水分利用效率使得这类植物能广泛生长在干旱、半干旱以及具有部分季节性或间歇性缺水的环境。

具有景天酸代谢途径的植物，可分为专性和兼性两种类型。专性 CAM 植物表现为，无论何种情况下，二氧化碳的吸收和固定都在夜间进行；而兼性 CAM 植物则在环境适宜的情况下进行 C_3 途径代谢，在干旱缺水或过度光照等胁迫环境下转变为景天酸代谢途径。需要补充的是，有些兼性 CAM 植物表现为同时存在着 C_3 和 CAM 两种光合方式，适宜情况以 C_3 途径为主，胁迫环境下则以 CAM 途径为主。故兼性 CAM 植物又被称为 C_3-CAM 植物。在兼性 CAM 植物中，CAM 途径可以通过不同环境因子而诱导产生，包括干旱胁迫、光周期、盐分、缺氧和缺磷等。有时候，当一些胁迫环境因子恢复正常后，这些植物的光合方式就又可以从 CAM 途径转变为 C_3 途径。

全世界维管植物中，有 35 科 16000 种以上的物种为专性或兼性 CAM 植物。在兰科植物中就估计有 9000 种，特别是在附生兰科植物中较为普遍。附生兰科植物 CAM 途径的特点，可以很好地解释它们在缺水或间歇性缺水的环境中得以生存的原因。目前大规模地研究植物不同光合作用类型所使用的主要技术手段是叶片碳稳定同位素的比值方法。一般来讲，典型 C_3 植物的碳稳定同位素比值范围为 $-3.3\%\sim2.21\%$，强 CAM 植物在 $-2.2\%\sim1.2\%$。在兰科植物中，多数种类表现为 C_3 植物的特征，碳稳定同位素比值为 -2.8% 左右，少数种类具有典型 CAM 植物特性，碳稳定同位素比值为 -1.6% 左右。但这种方法难以对兼性 CAM 植物进行有效鉴定，因此，利用碳稳定同位素比值的方法估计兰科植物中 CAM 和兼性 CAM 的物种数量可能偏低。此外，可依据 CAM 植物夜间打开气孔吸收外界二氧化碳的这一本质特征，针对性地检测二氧化碳昼夜的连续交换情况来鉴定植物的光合类型。但这种方法非常耗时并需要精密的仪器设备。

中国林业科学研究院邓华博士在其攻读博士学位期间，结合前人的研究列出包括铁皮石斛在内的 100 余种石斛属植物的碳稳定同位素比值。邓华博士的研究结果显示石斛属植物普遍存在 CAM 途径，特别是在自然条件下。在栽培条件下，石斛属植物具有多种光合碳同化途径，既有典型的强 CAM 植物，也有 C_3 植物，更有以 C_3 途径为主的兼性 CAM 植物。与前人研究结果相同，碳稳定同位素比值也表明铁皮石斛是一种兼性 CAM 植物，其光合碳同化在环境胁迫条件下以 CAM 途径为主，在适宜环境中则表现为 C_3 途径。中国农业大学张泽锦博士利用气体交换法，对处于人工气候室中且无环境胁迫的铁皮石斛，进行昼夜二氧化碳交换的测定，发现其光合作用方式是 C_3 代谢途径为主导，CAM 途径只占总光合途径的 6%～7%；对该条件下植株气孔开放情况的观察表明，白天气孔的平均开放率为 68%，相当一部分气孔处于关闭状态，说明存在着 CAM 途径。在常规温室种植条件下对铁皮石斛的测量发现，CAM 途径可高达总光合途径的 70%。铁皮石斛的光合途径随着种植基质水分的减少，CAM 途径会逐渐增强，而 C_3 途径则减弱。目前，针对铁皮石斛的光合途径的转化，只是初步涉及基质水分这一因子，而针对其他的因子包括空气湿度、温度、营养和光照等则有待开展。

了解铁皮石斛的这种光合作用特性对于制定栽培种植策略具有重要意义。出于降低种植成本、简化栽培设施条件考虑，铁皮石斛生长过程中就可能面临环境胁迫的生长环境，就会出现 CAM 途径的光合作用，因此对这种栽培策略的生物量产量就不能有过高的预期；而如果出于对生物量产量或者某些功能化合物产量的考虑，则需要创造铁皮石斛的最适生长环境，在温度、水分等各项条件方面提供有力保障，这时铁皮石斛由于采取 C_3 途径而达到产量最佳，但这种栽培模式的成本就会偏高。铁皮石斛这种具有兼性 CAM 途径的特性可以为在栽培成本和产量之间的选择提供两种可能性。遗憾的是，迄今为止还没有 CAM 途径和 C_3 途径对铁皮石斛产品质量影响方面的研究报道。否则，人们就可以利用铁皮石斛的兼性 CAM 途径的特点，在种植成本、产量和产品质量三者之间做出最佳的选择。

六、铁皮石斛产业发展回顾和展望

（一）铁皮石斛产业发展回顾

我国的铁皮石斛产业大致经历了三个发展阶段。

1. 直接利用野生资源的阶段

据魏刚等人（2014）的考证，我国最早有关石斛文字记载的年代可以追溯到 2300 年前的《神农本草经》，考虑到该书是一本系统总结前人利用本草的著作，可以肯定古人利用石斛的时期要早于 2300 年。具有文字描述石斛特征的，并能与现代铁皮石斛植物学形态特征相呼应的记载出现在约 1500 年前的《本草经集注》一书中。早期铁皮石斛采集规模，也可以从魏刚等人提供的一份 1200 年前石斛产地 11 郡进贡的数据得出一个粗略印象。这 11 个郡每年向朝廷进贡约 230 千克石斛，这里面主要包括铁皮石斛和霍山石斛两个物种，包括"生石斛"和"石斛"两种产品形式。这里提到的"生石斛"是否就是现代社会流行的石斛鲜条还有待考证。同时，魏刚等人（2015）通过对霍山区域内有关石斛产量历史记载的考证和分析，提出霍山区域的石斛经历大致 4 次产量严重下降的时期，每次产量低谷时期经过大约 100 年左右的恢复，又可以回到一个相对稳定的丰产期。尽管目前无法估计 1000 多年前朝贡的石斛占整个石斛产量的比例，但这些数据仍然可以表明，当时石斛的采集已经有相当的规模，对石斛的野生资源造成了相当的压力，如果不是因为某些历史时期社会动荡的原因显著减少了对石斛的需求，也许我们今天就见不到铁皮石斛或霍山石斛的踪影了。至于近代野生铁皮石斛的采集规模，我们可以通过相关从业者人数的变化来一探究竟。据浙江温州乐清大荆镇黄柄荣个人记忆，在 10～20 年前，对全国 8 省 16 个地方的统计显示，从事野生铁皮石斛采集的人数大约有 1320 人，而目前仍然从事该行业的人数只有约 152 人，减少近 90%。这次野生铁皮石斛采集从业人员的大幅度减少，不是由于市场需求的变化引起的，而是因为市场铁皮石斛原

图1-6-1 采集的野生铁皮石斛植株　　图1-6-2 传统采集石壁铁皮石斛工具

图1-6-3 传统采集野生铁皮石斛工具　　图1-6-4 传统采集野生铁皮石斛工具

材料的供给导致的。以浙江天皇药业公司 1999 年的铁皮石斛人工设施栽培技术成果为标志，从一定程度上讲，开启了铁皮石斛人工设施种植产业发展阶段，基本终结了铁皮石斛的野外直接采集方式（图1-6-1～图1-6-4）。

尽管铁皮石斛已经广泛种植，但采集野生铁皮石斛的现象依然存在。由于采集野生铁皮石斛的成本快速上升，包括需要登山攀岩专业装备以及劳动力成本的快速上升，在盈利压力的驱动下，使得原来的灭绝性的一次性采集方式转换成一种可持续性的采集方式。主要表现特点为固定采集区域，采取轮回的方式，同一个地点每3～4年采集一次，采集时要采大留小，保证每次采集都有相当的产量，除支付包括辅助人工工资在内的采集成本，还有一定的盈利。目前这种特别专业的采集队伍主要分布在长江以南铁皮石斛自然分布地区。每支采集队伍的规模在 10 人以下，仅个别地区有 10 人以上的队伍。并且这类采集队伍都是兼职的，除采集野生铁皮石斛外，也开展人工种植工作。

2. 人工设施种植阶段

据估计，铁皮石斛的人工设施种植规模达到 6 万～8 万亩（也有估计达到 12 万～15 万亩，1 亩 =1/15 公顷）（图1-6-5～图1-6-9）；种植区域从浙江

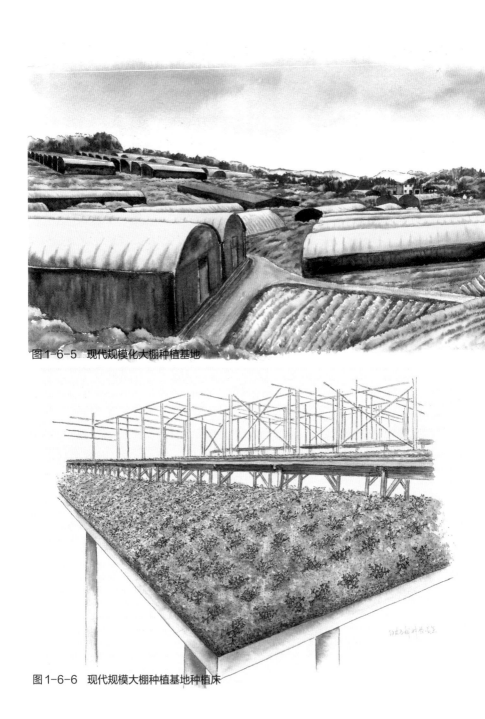

图1-6-5　现代规模化大棚种植基地

图1-6-6　现代规模大棚种植基地种植床

图1-6-7　现代规模化大棚种植设施外观　图1-6-8　现代规模化大棚种植设施外观

图1-6-9　现代规模化大棚种植设施内部　图1-6-10　现代化铁皮石斛种苗生产

逐步发展到整个长江以南流域，甚至到西藏东南部的林芝地区；在长江流域与淮河、秦岭以南之间的地区也有发展。人工设施种植模式的巨大成功，离不开铁皮石斛种子无菌播种生产种苗技术的成熟（图1-6-10）。正是完善成熟的种子无菌播种生产种苗技术为铁皮石斛人工设施种植模式的推广和发展提供了可靠的种苗保障。此外，以各种树皮、木屑以及其他栽培基质混合而成的多样化种植基质为人工设施条件下铁皮石斛的生长提供了合适的"土壤"，极大地推动了人工设施种植的发展。毫无疑问，铁皮石斛人工设施种植模式的高产，一方面极大地满足巨大的消费市场的需求；另一方面也为铁皮石斛进入普通消费市场奠定了基础。但是铁皮石斛人工设施种植模式也具有一次性投资成本高、种植技术繁杂、经营管理要求严格等特点，比较适用于公司生产和发展，而不适用铁皮石斛原产地居民个体户发展。

更重要的是，从传统中药材角度来看，这种人工设施种植模式种植出来的铁皮石斛产品质量能否得到保障，目前仍有较大的争议。作为一种传统中药材植物，通过人工设施种植，同样存在"产量上去了，质量有所下降"，达不到"仙草"应有的效果等问题。事实上历代典籍所记载的石斛对人体的功效，都是基于野生石斛植株。在对铁皮石斛新功效研究还没有得到突破性进展之前，消费者对人工设施种植铁皮石斛产品存在一定的疑虑是有一定道理的。因此，尽管我国人工设施种植的铁皮石斛取得了举世瞩目的成就，包括种植规模是世界任何其他兰科植物无法比拟的，设施种植管理技术以及配套的种苗培育、设施建造和栽培基质制备技术也是世界最高水平的。但是在对人工种植铁皮石斛功效的疑虑和"认为野生的药效更好、更安全"这种消费者对中药材和保健药品的传统消费心理的双重作用下，使得人工设施种植铁皮石斛只能在一定程度上减轻野生种群的采集压力，并不能终结野生铁皮石斛的采集行为。另一方面，这种双重作用也为铁皮石斛多样化自然或半自然栽培模式提供了广阔的发展空间。

3. 多样化生态种植阶段

尽管铁皮石斛设施种植取得长足发展，但种植出来的产品质量检测标准却没有得到相应完善和提高。以《中华人民共和国药典》（2015 年版）的标准来看，按铁皮石斛干燥品计算，含多糖以无水葡萄糖（$C_6H_{12}O_6$）计，不得少于 25%，含甘露糖（$C_6H_{12}O_6$）应为 13%～38%；同时还记载铁皮石斛的功能为"益胃生津，滋阴清热"。但正如魏刚等人在 2014 年提出的那样，《中华人民共和国药典》记载的功能与药用历史不符合。也就是说，铁皮石斛的功能可能更多，需进一步探究。如果铁皮石斛的功能不仅限于"益胃生津，滋阴清热"，那么其有效成分肯定不只是多糖一类。

一般来说，植物在长期进化过程中，为适应不同的外界环境，通过代谢途径合成大量的化合物，其中就包括对人类健康有益的化合物。漆小泉等人（2011）的著述资料显示，全世界约 30 万种植物可以产生代谢物或化合物，这些代谢物和化合物的数量有 20 万～100 万种之多。温度、水分、盐分、硫、磷、重金属等的胁迫对植物代谢途径和代谢产物具有重要的影响。有研究表明干旱胁迫对玉米木质部汁液代谢物的生产有显著影响，使 31 个化合物的含量均发生了变化。此外，植物的次生代谢过程和代谢物的积累受到植物本身和生长环境中各种生物和非生物因素的调控。研究表明，当受到病原菌入侵后，植物的代谢途径会更加活跃，产生更多次生代谢物来阻止病原菌的入侵和扩展。通俗地说，就是植物通过多种代谢途径合成多样化的化合物，来应对植物面临的各种复杂环境，并且"逆境"或极端环境会刺激植物产生更多的次生代谢物，来帮助植物度过不利环境。不同的"逆境"条件会导致植物产生不同的次生代谢物。相比人工设施种植的生长环境，野生植物的生长环境可以说是多样化的"逆境"，包括干旱、温度以及病虫害等"逆境"或极端环境。从这个角度来看，认为野生的铁皮石斛质量优于人工设施种植的是有一定道理的。当然，人工设施种植也可以通过良种选育和栽培条件的选择等措施来提高植物中某些特定代谢产物或化合物的含量。这也是人工设施种植的一些铁皮石斛品种中的多糖含量有可能远超过野生铁皮石斛的原因。

铁皮石斛广泛分布于我国安徽、浙江、福建、江西、湖南、广东、广西、云南、四川、湖北、河南等省（自治区），生长环境变异也很大。一般来说，铁皮石斛可生于海拔 300～1200 米的山地；在其分布区的北部，生长的海拔较低，越往南，生长海拔逐步升高。在云南南部地区，铁皮石斛自然生长海拔可达到 1200 米左右，而在长江中下游地区，自然生长海拔则在 800 米以下地区。虽然铁皮石斛是一种典型的附生植物，但其附生生长的基质却不尽相同。在云南、贵州、广西等石灰岩地区，铁皮石斛可附生在山地森林中的树干上，也可生长在石灰岩石壁表面；而在丹霞地貌地区，铁皮石斛多生长在丹霞石壁的表面上；在华东地区，铁皮石斛则可以生长在酸性的火山岩表面或花岗岩表面，也可附生在山地森林中的树干上。如果考虑不同地域遗传多样性的差异，铁皮石斛的品种就更加丰富。但不管铁皮石斛品种如何多样化，从野生铁皮石斛生长的基质来看，只有生长在石头表面和树干或树枝表面两种生长模式。相对来说，石头表面的温度、水分等环境"逆境"发生的潜在可能性和"逆境"程度都要远高于树干或树枝表面。因此，从植物的"逆境"或极端环境与植物产生次生代谢物的关系角度看，前人的观点或说法，即所谓"石头上生长的石斛称石斛，木头上生长的石斛称木斛，木斛质量次之"，是有一定科学理论依据的。

基于对铁皮石斛产品中化合物成分多样化以及含量均衡性的考虑，铁皮石斛行业近年来逐渐开始发展出一种直接在野生自然条件下种植铁皮石斛的模式，包括在人工林和天然林的树干种植，以及在丹霞地貌地区丹霞石壁和喀斯特地区的石灰岩表面上种植等多种模式（图 1-6-11～图 1-6-16）。事实上，最早开始直接种植在树干上和丹霞石壁的药用石斛是扁草石斛，当时这种种植方式的发展是出于控制种植成本的考虑。贵州赤水大约于 2003 年就开始在丹霞地貌的林下石壁和树干上种植扁草石斛的大苗，取得成功，目前这种种植模式

图 1-6-11 丹霞石壁铁皮石斛种植场景　　图 1-6-12 丹霞岩壁种植的生长健壮植株

图 1-6-13 石灰岩石壁种植铁皮石斛　　图 1-6-14 石灰岩石缝种植铁皮石斛

图 1-6-15 丹霞崖壁卡订固定法　　图 1-6-16 丹霞石壁条带固定种植法

的规模约在 1.5 万亩左右。2010 年前后在云南的普洱、瑞丽和西双版纳以及贵州黔西南布依族苗族自治州的天然林树干上，以及浙江乐清、千岛湖等地区在人工杉木林、马尾松林的树干上进行铁皮石斛的种植取得了很大的成功（图 1-6-17～图 1-6-24）；随后，在浙江乐清、江西修水和龙虎山、福建连城和泰宁等丹霞地貌地区的丹霞石壁，以及贵州黔西南地区喀斯特地貌地区的石灰岩表面等各种条件下进行直接种植，也取得了成功。从目前的经验来看，树干种植的种植成本要高于人工设施种植，产量则只有人工设施种植的三分之一左右；而石壁或石头表面种植成本较树干种植还高，产量则只有人工设施种植的十分之一左右。

图1-6-17 树干种植：布片固定

图1-6-18 树干种植：木片固定

图1-6-19 树干种植：盆栽固定

图1-6-20 树干种植：树皮固定

图1-6-21 树干种植：遮阳网固定

图1-6-22 树干种植：麻绳固定

图1-6-23 人工荔枝林中树干种植

图1-6-24 天然混交林中树干种植

（二）铁皮石斛产业发展展望

2013 年刘仲健教授的研究团队在综合考虑满足市场和发展需求，在保护与恢复野生种群防止物种灭绝的基础上，结合我国经济发展不平衡的实际情况，在理论上构建出一种"利益诱导的自然保护"新模式（Benefit-driven conservation model）。毫无疑问，铁皮石斛产业发展的多样化生态种植阶段，为该理论模型提供了很好的实践机会。同时，这些多样化的栽培模式与人工设施条件下规模化种植相比较还具有两方面特点。首先，生态效益显著。在需要具有较好森林生态系统的环境中，发展铁皮石斛的多样化生态栽培模式，可以使当地居民直接从森林生态系统中获得经济效益，从而激发当地居民保护森林、保护生态系统的积极性。这种以经济效益为基础的保护积极性无疑是可持续的，也是最容易被广大原住地居民所接受的。其次，社会效益突出。我国山地的原住地居民一直难以摆脱贫困的困扰。长期贫困的社会后果之一就是该地区的"空巢化"现象较其他地区更为严重和普遍。随着老龄化社会的到来，山区贫困地区的养老问题、留守人群的生活保障问题就显得尤为尖锐。问题主要表现为留守的老年人、妇女和儿童等人群由于体力原因无法从获得木材等劳动中创造经济收入，也无法耕种或管理位于山坡等交通不便位置的小块耕地。而铁皮石斛的多样化生态栽培模式（图 1-6-25，图 1-6-26），则可以帮助解决山区贫困地区留守人群的生活保障问题。该种植模式是一种相对粗放型的管理模式，尤其适合缺乏体力的留守人群；铁皮石斛种植后，至少可以收获 15～20 年，

图 1-6-25　森林环境中简易大棚种植铁皮石斛　　图 1-6-26　天然林下简易大棚种植铁皮石斛

图 1-6-27　70 多岁老人喜获铁皮石斛丰收　　图 1-6-28　改良后的枫斗加工装置

这种低成本、长收效期的特性，特别适合经济条件欠佳的留守人群（图1-6-27～图1-6-29）。

图1-6-29　规模化加工枫斗场景

更为重要的是，由于铁皮石斛产业发展过程中，所有种植模式的种苗都来源于有性繁殖的种子，而不是克隆繁殖的分生组织（这一点与石斛类的花卉产业截然不同），使得铁皮石斛产业化过程中的种苗可以直接用于铁皮石斛的物种保育工作。同时，铁皮石斛多样性种植模式发展出来的各种技术也可以直接应用到物种保育工作中。而铁皮石斛多样性生态种植模式的进一步发展和完善，则更需要利用兰科植物的共生真菌，需要发展药用兰科植物菌根化种苗技术和菌肥技术。这种需求在人工设施种植模式中完全被忽视。可以说正是铁皮石斛多样性生态种植模式的发展，为铁皮石斛的产业和保育在技术层面的共享提供了广阔空间。随着技术的进步和成熟，铁皮石斛种子和共生真菌的直播技术在生态种植模式和物种保育中将发挥越来越重要的作用。与其他兰科植物一样，铁皮石斛的一个蒴果中有3万～5万粒轻如尘埃的微粒种子，种子非常细小，成熟的种子没有胚乳或子叶，仅有未分化的胚。在自然条件下需要依靠和特定真菌的共生获得营养促进其萌发和发育，萌发后的幼苗在生长发育过程中也需要依赖共生真菌，只有当真菌与幼苗的根形成共生菌根后，改善了水分和矿质营养的吸收利用，植株才能正常地生长发育。兰科植物种子的共生萌发技术，是在获得特定对兰科植物种子萌发有效真菌的情况下，利用真菌共生来促进种子萌发和获得幼苗。共生萌发技术不仅能简化幼苗生产过程，大大降低生产成本，更重要的是能显著提高幼苗在自然环境中的存活率和幼苗生长速度。目前，高江云研究团队通过原地共生萌发技术（*In situ* seed baiting technique）成功分离得到了铁皮石斛、齿瓣石斛、兜唇石斛、金钗石斛、鼓槌石斛以及其他兰科植物种子萌发阶段的有效共生真菌，并在不同自然条件下开展示范栽培，解决栽培过程中遇到的各种问题，发展并完善"利用种子和真菌共生萌发开展药用石斛生态栽培"技术集成体系。该技术体系的优点在于成本低、操作简单方便、无需任何基础设施投入，完全在自然条件下实现从种子到石斛产品收获的全过程，真正实现了产品全过程无农药无化肥的绿色种植。这一技术体系的推广应用，无疑是利用药用石斛平台实现"利益诱导的自然保护"新模式的可操作途径；同时也能对药用石斛产业的健康和可持续发展提供有效的科技支撑，为发展精准扶贫、石漠化治理和生态林业等项目提供技术保障。

但不容忽视的是铁皮石斛多样性生态种植模式仍然是一种生产性质的种植模式，并不能直接将其等同于生物多样性保育。在多样性生态种植模式的基础上，利用种群生物学、种群遗传学的理论和方法构建铁皮石斛的采收模型，确定人工种群的合理采收程度和采收规模。只有在采收模型理论指导下的铁皮石斛生态种植产业，才能实现生物多样性保育和产业发展的完美整合。同时，实现多样性保育和产业发展整合后的铁皮石斛多样性生态种植模式是一种具有代表性的"利益驱动型"生物多样性教育模式。这是一种新的提高对生物多样性价值认识的模式，与已经发展成熟的"教育驱动型"模式是不同的。这种策略具有见效快、说服力强、当地民众容易接受和参与积极性高、容易推广普及等特点。

另一方面，铁皮石斛多样性生态种植模式对铁皮石斛产业本身也具有不可估量的影响。首先，铁皮石斛多样性生态种植模式为消费者提供了一种在品质内含物的多样性和均衡性等方面不同程度上接近野生铁皮石斛的选择，从而极大地丰富了铁皮石斛产品市场，推动铁皮石斛消费市场差异化发展。铁皮石斛多样性生态种植模式的产品主要用于养生健康产品的生产；而人工设施种植模式的产品主要用于提取其中特定的功能性化合物，而作为功能药品、保健品甚至化妆品的原材料来源（图 1-6-30～图 1-6-35）。例如，深圳市兰科植物保护研究中心联合清华大学研究发现铁皮石斛馏分对果蝇老年痴呆症学习记忆有显著正面影响，通过组分提取实验研究发现，铁皮石斛乙酸乙酯层 16 个小分子化合物对老年痴呆症果蝇学习记忆缺陷具有显著改善功效，效果甚至优于目前最好的药物，为一类新药开发提供了分子基础。差异化市场的发展，又不可避免地促进铁皮石斛种植模式的精细化、目标化以及差异化的发展，从而使铁皮石斛产业从品种选育、种苗生产、种植到产品加工形成一种相互促进的良性发展格局。其次，铁皮石斛多样性生态种植模式的生态效益和社会效益，无疑会

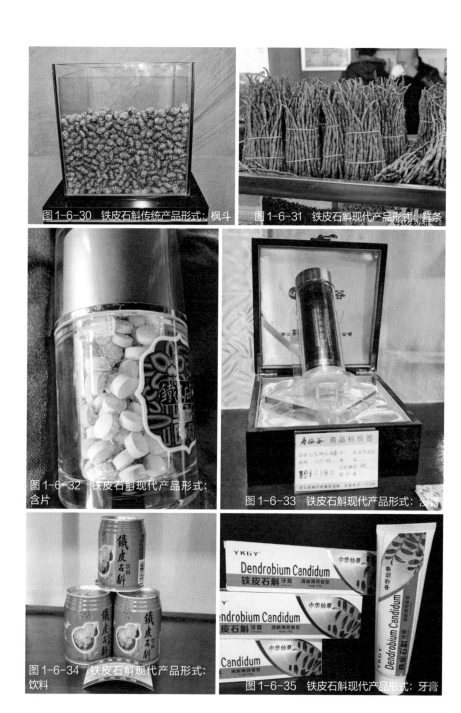

图1-6-30　铁皮石斛传统产品形式：枫斗

图1-6-31　铁皮石斛现代产品形式：鲜条

图1-6-32　铁皮石斛现代产品形式：含片

图1-6-33　铁皮石斛现代产品形式：浸膏

图1-6-34　铁皮石斛现代产品形式：饮料

图1-6-35　铁皮石斛现代产品形式：牙膏

提升铁皮石斛行业在整个社会层面的地位，从而为铁皮石斛产业发展本身拓展出更大的发展空间。

药用石斛生态种植模式的生态和社会效益也为铁皮石斛行业跨界发展提供了可能。首先，铁皮石斛产业可以与生态休闲旅游产业进行跨界发展（图1-6-36～图1-6-41）。铁皮石斛生态种植模式对生态保护和发展的促进作用，使得这种跨界发展成为可能。同时，铁皮石斛植物本身的生态和生物多样性特点，更为生态休闲旅游增加了特色和亮点。其次，铁皮石斛产业可以在健康养老产业开展跨界发展。铁皮石斛本身就是一种大健康产品，是人们用来追求延年益寿的"仙草"。同时生态种植铁皮石斛模式，特别是树干和林下种植铁皮石斛，管理和养护无需强体力劳动，是一种特别适合老年人群管理和操作的工作。自己种植的铁皮石斛，部分自己食用，部分分享给其他需要的人群，可以同时满足老年人群自身需求以及满足老年人群对社会贡献的需求，为解决老有所乐、老有所为增添一种选择。

最后，从铁皮石斛的市场角度来看，在传统石斛使用方式的基础上，以大健康保健为功能的药食用市场，具有广阔的发展前景。考虑到传统石斛的所有功能是建立在野生石斛植株的基础上，该市场的发展方向将会是以生态种植模式的产品为主体，而石壁种植的植株由于其产量限制，市场价格将高于树干种植的产品。该市场目前受到两个方面的制约。首先，是国家政策层面的制约。尽管铁皮石斛原球茎已经被国家卫计委正式列入新资源食品，即俗称的药食同源目录。但作为市场产品主体的铁皮石斛茎秆还仍在论证过程中。如果铁皮石斛全部器官被列入新资源食品，该行业将在3～5年扩大10倍以上规模。其次，受到产品质量检测标准的制约。在《中华人民共和国药典》（2015年版）对市场中的铁皮石斛产品仅进行合格和不合格二级质量标准的划分。如何区分不同质量的药用石斛，发展新的药用石斛产品质量检测标准，是推动铁皮石斛产品市场多层次分级的基础，同时也为发展和丰富多样化铁皮石斛消费市场提供强大驱动力。

图1-6-36 铁皮石斛树干艺术种植

图1-6-37 多样化的盆栽铁皮石斛

图1-6-38 铁皮石斛树干艺术种植

图1-6-39 铁皮石斛树干艺术种植

图1-6-40 铁皮石斛石块艺术种植

图1-6-41 铁皮石斛木块艺术种植

图1-6-42 铁皮石斛产品形式

第二篇

铁皮石斛
原生态
种植技术要点

从传统中药材植物产业化角度来看，人工设施栽培可以减轻对野生种群的采集压力，有利于中药材的长远发展。而从传统中药材的另一角度看，通过这种设施化人工种植出来的产品质量能否得到保障，目前仍有较大的争议。我国东北人参大规模集约化人工种植的栽培和经营模式已经为中药材产业化栽培提供了许多值得借鉴的经验和教训。如何保障人工栽培条件下传统中药材植物的品质问题就成为中药材产业发展中的一个迫切需要解决的问题。作为传统中药材植物的一种，铁皮石斛种植同样存在这个问题。大棚设施栽培，产量上去了，但质量下降了，达不到"仙草"应有的效果。消费者说，"仙草"变"稻草"了，吃一箩筐也没用。这话有点夸张，但消费者对大棚铁皮石斛的品质存在争议是事实。而在石壁上栽培，难度大，植株生长慢，经济回报周期长，栽培者积极性受到影响。为解决铁皮石斛栽培中质量和产量这对矛盾，我们创造的这种新的栽培模式，巧妙地化解该矛盾，既保证了产品质量，又有较高的产量。

一、原生态栽培模式的设计原理

铁皮石斛具有"三喜三怕"的特性，即喜清新空气，喜石头，喜潮润；怕过湿，怕闷气，怕土壤。它原本就附生在石壁上（图2-1-1），吸取石壁表面的养分；石壁上空气十分流通，表面早晚潮润，下雨不积水。它怕过湿，过湿易生病、烂根；它怕闷气，闷气会得毁灭性的软腐病、疫病等病害；它的根怕入土，进入土壤就会烂根，无法抢救。因此在设计铁皮石斛栽培模式时必须满足它"三喜"的要求，同时要避免出现它"三怕"的状况。此外，有学者认为，生长在石头表面的铁皮石斛有回甘甜味，口感较好。这是我们设计这种生态栽培模式的另一个重要因素。

图 2-1-1　生长在丹霞石壁上的铁皮石斛和丹霞石

二、原生态栽培模式的实施方法

（一）栽培场地的选择

（1）选择具有森林气候，山清水秀，空气新鲜，无污染，与铁皮石斛自然分布地基本相似的地方（图2-2-1）。

（2）水质要好。铁皮石斛需微酸性水，最适pH值为5.5～6，pH值7以上的水不宜栽种铁皮石斛。

（3）根据湖南新宁县的气候条件选择地点。海拔在600米以下（包括600米）的地方为好。海拔900米以上的地区，铁皮石斛不能露天越冬，会发生严重冻害。海拔400～600米的山区种铁皮石斛最好。因为这些地方夏日清凉，空气湿度大，即使是伏天高温期铁皮石斛也不停止生长。在这些地方，从4月至11月，铁皮石斛的生长期可达8个月之久。

图2-2-1　具有森林气候的铁皮石斛种植地点

图2-2-2 马尾松林

图2-2-3 阔叶林

（4）林下栽培。选郁闭度0.7～0.8的马尾松成林或阔叶林下（图2-2-2，图2-2-3），坡度较缓之地种植。这是全新的立体森林经营模式，有广阔的发展前景。林下栽培的优点是能充分利用林下土地资源，利用树冠遮阴，利用树叶的蒸腾作用增加空气的湿度等，并且还能极大地提高林地经济效益。此外这种栽培模式对提高铁皮石斛的产品质量，抗御市场风险都大有好处。

（5）安全保证。选择便于防守管理的房前屋后空地、荒坡、荒山等。

（6）交通方便。便于运送栽培基质、荫棚材料等。

（7）选地注意的其他事项。a. 不要选冷空气下沉的山谷、洼地，以防冰冻、霜害；b. 不要选涨洪水能淹没的地方；c. 不要选四周都是水田、山塘或沼泽的地方，因为这些地方蛞蝓、蜗牛特别多，令人防不胜防。

总之，选地要从铁皮石斛的生物学特性来全面考虑，空气流动性好和排水良好永远是第一要点。

（二） 搭建荫棚，做好栽植床，建防雨防寒棚

1. 利用山区丰富的竹、木资源搭建荫棚

荫棚高2米或2米以上，便于通风透气（图2-2-4）。冬季要备好竹、木材料；选择竹料时要注意避免使用立春以后砍的竹子，因为这时的竹子易生虫，不耐腐朽。棚架要坚固，以防冬天雪压。搭好棚架后盖上50%～70%遮光率、防老化的遮阳网，且四周全部用遮阳网围起来，以防蝗虫及飞蛾进入为害（图2-2-5，图2-2-6）。特别注意的是抗老化的遮阳网可以连续使用6～7年，而

图 2-2-4 阴棚与防寒防雨高低棚架

图 2-2-5 棚架四周用遮阳网全盖好

图 2-2-6 盖好遮阳网的种植棚

不抗老化的遮阳网 2~3 年就全烂了。

2. 做好栽植床

栽培铁皮石斛的苗床称栽植床。根据各地自然资源情况，可选择石块栽植床、架空竹片栽植床、石棉瓦栽植床、塑料网高架栽植床等不同模式，这里我们重点介绍石块栽植床模式。

（1）搭建石块栽植床。床面宽1.2米，长8米，步道30厘米。栽植床长度最好控制在8米以内。据陈孝柏的经验，长度超过8米的栽植床，中间铁皮石斛容易发软腐病。尤其冬季防冻时期，床上覆盖薄膜时由于只能打开两端通气，栽植床中间部分通气不良现象就更严重，从而导致软腐病严重发生。

床底层垫30厘米厚的大石块，作为透气漏水层。按此标准作床，每亩有净床面积400平方米。石块以长30厘米、宽20厘米、厚10厘米大小的为宜，宜竖摆多留孔隙，厚度不少于30厘米。石块上面铺放一层栽培基质，厚度8～10厘米（图2-2-7～图2-2-9）。

图2-2-7　石块整齐地摆放在栽植床上

图2-2-8　摆好石块的栽植床，四周用木板围住，便于堆放栽培基质

图2-2-9　摆好石块的种植场地

（2）石块栽植床优点。首先，该方法能长期使用，只需每隔一定时间向栽培基质中加入适量半腐熟的树叶、树皮即可。其次，石块竖摆孔穴多，透气，漏水性能特别好，暴雨也能即落即消，无任何积水现象。第三，这种模式接地气、水汽足，使基质经常保持潮润状态，更接近于自然，有利于铁皮石斛生长。因此，该模式伏天抗旱次数比其他模式少一半左右。第四，石块模式还为铁皮

图 2-2-10　铁皮石斛在石块栽植床上的生长情况

石斛生长创造了一个良好的生态系统。透气漏水的大石块空洞多且凉爽湿润，为青蛙创造了一个栖身的环境。实验地内目前有 500 ~ 1000 只青蛙是为铁皮石斛捕虫的"义务"大军，使苗圃虽见虫但不成虫灾。除防治蛞蝓的"密达"外，2012 年苗圃没用过其他杀虫农药。棚架上还有 100 多张蜘蛛网捕捉飞蛾等害虫。最后，栽培基质中的树叶、树皮在雨水充足潮润的环境中，为大型真菌的生长创造了良好条件。大型真菌分解树叶、树皮中的有机质，为铁皮石斛提供充足的养分。同时圃地长了不少苔藓与蕨类植物小苗，正逐步向野生状态演化。正是这种良性的生态系统的形成，淋漓尽致地展现了石块栽培模式的优势。铁皮石斛在石块栽植床上的生长情况图 2-2-10，图 2-2-11。

石块栽植床优点实例

　　2012 年雨水偏多是对原生态栽培模式的考验，尤其是对石块模式。据气象记载，1～4 月共 121 天，晴天仅 23 天占 19%；阴雨、雪天 98 天占 81%。1～2 月共 60 天，仅 1 月 31 日一个晴天。5 月 1 日至 8 月 11 日共 103 天，为夏季高温期，新宁县城晴天为 49 天占 47.6%；阴雨或阵雨天为 54 天占 52.4%。而黄龙镇茶亭子甘冲铁皮石斛栽培基地的雨水更多，自 7 月 1 日至 8 月 11 日的 42 天，每天都有阵雨 1～3 次，有时是大暴雨，4 月 13 日还下了冰雹，但铁皮石斛都"挺"过来了，而且长势旺盛。自 2012 年初至 8 月 11 日为止的 224 天，没有抗过一次旱，尤其 6 月 29 日至 7

图 2-2-11 铁皮石斛在石块栽植床上的生长情况

月13日的15天里，新宁县城区连续晴热高温天气，气温在34～36℃，而茶亭子甘冲仅晴了2天，其余13天每天都有阵雨。雨水这么多，可铁皮石斛未见软腐、根腐、黑斑等病害，而且长势特别好。

（3）石块栽植床缺点。石块用量大，每亩需120立方米石块，花工费时，劳动强度大，据估计成本约60元/平方米（包括打石块、运石块、摆放石块的用工工资）。若用常耕地种铁皮石斛，一旦不种，要恢复土地原貌工作量大。

3. 搭建好防雨防寒高低棚

铁皮石斛是附生植物，遗传基因决定它在任何时候、任何地方都必须通气良好。防雨防寒高低棚（图2-2-12，图2-2-13）就是根据它的这一特性而设计的。棚的高面高60～80厘米，低面高10～20厘米，形成一个斜坡面，并用竹、木做成框架，上盖无滴漏薄膜。春、夏、秋三季，遇上连绵阴雨天，必须盖斜坡面，使雨水流入步道；留高面不盖，让其通气。这项工作很重要，特别是铁皮石斛在种植后的1～3个月，非常脆弱，抗病能力差，雨水过多，易生软腐病、叶斑病等病害，稍有不慎，可能导致全部死亡。而在冬季，霜、雪、低温冰冻致使植株容易发生冻害，所以这时必须低面、斜坡面、高面全盖上，但高面离床面20厘米高处不盖死，留作通气；同时苗床两端的薄膜也要打开通气。值得注意的是，防雨防寒的薄膜，必须买无滴漏薄膜，其他类型的薄膜容易形成水滴滴于苗床上，凡水滴在铁皮石斛苗上的，苗必死无疑。这种防寒防雨高低棚，只适合半自然栽培模式，钢架大棚栽培则不需要。

图2-2-12 防雨防寒高低棚打开薄膜时情景

图2-2-13 防雨防寒高低棚盖上薄膜时情景

（三） 铁皮石斛栽培基质配方

1. 铁皮石斛栽培基质配方

通过多年栽培实践，笔者认为铁皮石斛栽培基质最佳配方为：碎树皮 4 份、碎红砖 4 份、碎树叶 2 份，我们称为"三合一"基质。

（1）碎树皮。碎树皮（图 2-2-14）我们用的是马尾松鳞状老皮，采回后，用水冲洗，堆沤 3 个月以上去脂软化成半腐熟状态。松树鳞状老树皮的特点是腐烂速度慢，能缓慢释放肥料，可以保障铁皮石斛常年有肥可吸收；其次，鳞状树皮凹凸不平，孔隙多，通气良好，满足了铁皮石斛生长的要求。马尾松树皮还有特殊营养物质，科学家研究发现马尾松树皮提取物是一种较强的抗氧化剂和活性氧自由基清除剂。铁皮石斛在生长过程中吸收这种物质能否提高药效，有待深入研究。但树皮要砍碎成 2 ～ 3 平方厘米的块状为佳。无松树皮的地方，可用板栗、锥栗、枹栎等壳斗科或杜英科的树皮代替。注意杉类树皮不能用，因易板结，不通气；樟科、木兰科的树皮、叶、枝都不能用，因它们含有芳香类物质，影响铁皮石斛生长。

（2）碎红砖。碎红砖（图 2-2-15）有许多优点。首先，吸水量很大，既能将过多的水分吸收进去，又能保持栽培基质不过湿，呈潮润状态；天旱时，它又能将水分释放出来。其次，碎红砖棱角多，坑洼多，便于通气，不会板结。

铁皮石斛根系喜欢附着在碎红砖上。栽培 2 年或 2 年以上的铁皮石斛拔出来后，都可见碎红砖上附有石斛根。

图 2-2-14　碎树皮

图 2-2-15　制作碎红砖

不同基质材料含水率对比实验

作者曾经做过试验，分别将石灰石、丹霞石、板岩(黑色)、碎红砖等4种材料都打碎成直径2厘米大小后置烈日下曝晒9个小时；然后每种材料称约1千克置清水中浸泡15个小时，其结果如表2-2-1。

从表中可以看出，石灰石含水率最小，仅不到2%；丹霞石含水率约4%；板岩含水率达8%，是丹霞石的2倍；碎红砖含水率最高达16.67%。

表2-2-1　各种材料浸泡前后情况

材料名称	供试验重量（克）	浸泡后重量（克）	含水量（克）	含水率 (%)（含水量 / 浸泡后重量 ×100%）
石灰石	1000	1020	20	1.96
丹霞石	1000	1040	40	3.85
板岩 (黑色)	900	980	80	8.16
碎红砖	1000	1200	200	16.67

（3）碎树叶。碎树叶（图2-2-16）是有机肥料的"仓库"，它分解快，可满足短期内铁皮石斛对有机肥的需求。具体做法如下。利用夏天气温高、植物生长茂盛的特点，采集阔叶树种乔、灌木的枝、叶，剁碎成长3厘米左右的小段，置肥料凼内堆沤发酵2～3个月待用。用时按碎树皮4份、碎红砖4份、碎树叶2份的比例充分混合，并用1000倍高锰酸钾溶液或1000倍甲基托布津溶液，均匀喷雾消毒待用。值得注意的是选用的树种越多越好。据何烈熙的经验，他使用的树种达12种以上。如杜茎山、板栗、小红栲、大青、枫香、木荷、山油麻、槲栎、腺鼠刺、柃木、檵木、杨梅等。这样营养比较全面，尤其有些树种容易腐烂，可先供应铁皮石斛营养，如杜茎山、大青、枫香等；有些革质叶树种腐烂较慢，可后供应营养，使铁皮石斛长期不缺有机肥料，如小红栲、木荷、腺鼠刺和杨梅等。

图 2-2-16　半腐熟树叶

不同基质材料吸水、漏水性对比实验

作者做了一个小试验：用一个长10厘米，宽高各8厘米，四周有1厘米孔隙的塑料筐，体积为640立方厘米，筐重110克，分别装满碎木片基质（长1厘米、宽0.5厘米、厚3毫米）与"三合一"基质，分别称重。将2组基质淋透水后，置于阴处，分别在5分钟、1小时和3小时后称重，结果见表2-2-2。

试验结果表明，同一体积的"三合一"基质比碎木片基质多吸收水分100克，3小时后水流失与蒸发少50克，二者合计为150克。说明"三合一"基质比碎木片基质吸水量多32.2%（=100克／310克×100%），3小时后流失蒸发水分减少（抗旱率）31.3%（=50克／160克×100%）。二者相加为32.2%+31.3%=63.5%，说明"三合一"基质比碎木片基质吸水率与抗旱率高出约50%，有利于铁皮石斛生长。在大雨落下之时，大部分雨水通过"三合一"基质沿石块孔穴中流出，绝不会积水；而基质中的多余水分又被碎红砖吸收去贮藏起来，天晴时再慢慢释放出来，使基质长期处于潮润状态。这就是2012年铁皮石斛度过"多雨关"而生长旺盛的"秘密"之一。

表2-2-2　不同基质吸水、漏水性对比实验

基质名称	试验前重量（连筐）（克）	淋透5分钟后重量(克)		放置1小时后重量(克)		放置3小时后重量(克)	
		总重量（连筐）	吸水量	总重量（连筐）	失水量	总重量（连筐）	失水量
碎木片	590	900	310	790	110	740	160
"三合一"	1500	1910	410	1850	60	1800	110

"三合一"栽培基质，与石块透气、漏水层是最好的搭档。碎红砖、树皮、树叶不能太细，以2厘米×3厘米大小为宜。注意栽培基质中的4份红砖不能少，因红砖吸水性强，使栽植层避免积水。这种栽培基质的透气、吸水、漏水性能良好。

2. 准备栽培基质注意问题

（1）玉米秆、玉米芯、高粱秆等带甜味、含糖量较高的植物不适合用作

栽培基质，因为这些基质易生虫，导致虫害。

（2）栽培基质中不要用含钙高带碱性的石头，因铁皮石斛在这种基质中生长时可能吸收大量钙离子，使植株纤维化高，嚼之渣多，影响药材质量，缺乏市场竞争力。

（3）培育香菇的废料，称蕈糠，可代替20%的树皮掺入基质中，但注意不要全部代替树皮，主要怕板结造成通气不良，从而影响铁皮石斛的生长。同时，20%的腐熟树叶、树枝不能少。

（4）不能用细锯末拌在栽培基质中，否则容易引起板结造成通气不良，导致铁皮石斛根系腐烂。

（5）慎用牛、羊粪等肥料。尽管这些肥料充分发酵灭菌后，可用1%稀释液加入栽培基质中，但这些肥料难拌匀，肥料多的地方容易造成肥害，故不提倡使用牛、羊粪等肥料。最安全的肥料还是充分发酵的树叶、树枝。

据中国工程院院士朱有勇介绍，土壤中如果氮元素长期过多，就会造成土壤微生物群落发生较大的变化，一些致病性强的厌氧微生物群落就会在土壤中形成优势群落，进而影响植物生长。云南文山的三七不能连续种植，其实就是这种土壤由于氮元素过多，导致微生物群落发生变化而引起的。铁皮石斛与其他兰科植物一样，在没有人为供给营养的情况下是需要通过共生真菌来获得营养物质的。而牛、羊粪等肥料很容易导致栽培基质中氮元素过量，而影响铁皮石斛共生真菌微生物群落的发展，最终影响铁皮石斛的生长。所以，最安全的肥料还是充分发酵的树叶、树枝。

（四）铁皮石斛栽植前的准备工作

1. 栽培基质消毒

在3种栽培基质（碎树皮4份、碎红砖4份、碎树叶2份）（图2-2-17）按比例充分拌匀之时，就要用喷雾器喷药杀菌。主要药物为1000倍高锰酸钾溶液或1000倍甲基托布津溶液。

图 2-2-17　3 种栽培基质混合后的栽培基质

2. 栽培基质浇水处理

铺于苗床的栽培基质厚度以10厘米为宜。在栽苗前3天，将床面基质浇1次水，水要浇透、浇均匀，自然阴干后待用。

3. 瓶苗栽前处理

（1）瓶苗短期存放。收到铁皮石斛瓶苗后（图2-2-18），要立即打开通气，防止瓶苗发热（图2-2-19，图2-2-20）。通气要立即处理，不能拖延。组培工厂生产的铁皮石斛瓶苗一般都是玻璃瓶，盖上有一个透气网状孔。瓶苗运回后，要选通风透气良好、清洁干净无污染的房内，光线要好，最好有日光灯照射。室内温度控制在25℃以下。将瓶苗放在离地面高1米以上的桌上或架上；不要直接放在地面上，因地面通气不良。如果光线不好，要开灯，让瓶内植物能进行光合作用。不是工作人员，要谢绝参观，特别不要让动物进入室内，因为人和动物都有可能携带病菌或其他杂菌，增加铁皮石斛苗被污染的风

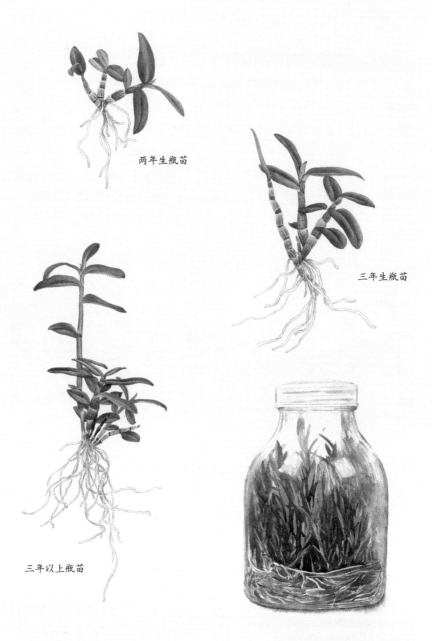

两年生瓶苗

三年生瓶苗

三年以上瓶苗

图 2-2-18　铁皮石斛瓶苗

险。最好能组织人员在2～3天内栽完。如发现瓶内有病苗，要及时清除处理，以免污染其他健康种苗。

（2）瓶苗清洗。苗出瓶时要注意保护幼苗不受机械伤。开瓶后，将瓶内灌入适量的清水，轻轻摇晃几下，使半固体营养液脱离玻璃瓶，再将清水和苗一起倒出。若苗倒不出来，可用较长的镊子，夹住苗茎，轻轻向外拉，就能顺利出瓶。铁皮石斛瓶苗上沾附的营养液要彻底清洗干净，不能有半点粘留在植株上（图2-2-21，图2-2-22）。因半固体状态的营养液富含营养，在瓶内密封状况下无病菌侵入，铁皮石斛幼苗能正常生长。但瓶盖打开后，取出的幼苗上所粘附的营养液与外界空气接触后，极易被病菌侵染，从而滋生软腐病，并且

图2-2-19　未打开的塑料袋装瓶苗　　图2-2-20　打开后的塑料袋装瓶苗

图2-2-21　清洗瓶苗根部及叶片上沾附的营养液　　图2-2-22　清洗后的瓶苗

这种软腐病传染能力很强，对种苗容易造成毁灭性的破坏。所以，出瓶后的铁皮石斛苗要用清水反复冲洗，将每片叶，每条根的营养液全部清掉，才能用于栽培种植。即便瓶苗在组培工厂已清洗过营养液，最好再清洗一次。因为在运输途中难免瓶苗被污染或出现发热现象；加之山区水质好，再清洗有利于防病。特别提示，组培工厂在发送瓶苗时，最好不清洗营养液连瓶或薄膜袋一起发货，这样运输途中瓶苗不会发热。

（3）铁皮石斛瓶苗的炼苗（图2-2-23，图2-2-24）。炼苗的目的是让瓶苗适应外界环境，提高抗性；同时耗掉瓶苗在瓶中吸收的过多水分，使瓶苗根系变软，以免在种植过程中碰断根系。有学者认为，炼苗时间需1～2周，但这么长的炼苗时间不一定适合于大规模种植，特别是不适合长途运输种苗的大规模栽培。新宁县黄龙镇茶亭村金崀合作社大面积栽植的铁皮石斛瓶苗是从安徽远道运输过来的，一次运输的苗在1万瓶左右，40万～50万株苗。如果炼苗时间需要1～2周，就必须准备很大的空间来存放这些瓶苗。因此在实际操作时只能选择缩短炼苗时间，在2～3天内栽完。他们的具体作法是上午洗苗，下午栽苗。上午将清洗好的苗整齐置于通气的筛内，放阴凉通风处，让其自然晾干植株体上的水分，根部呈白色就可栽植。栽植前用1000倍多菌灵溶液消毒，栽时每人一筐苗，每筐约有上千

图2-2-23　用湿报纸做成的预处理床

图2-2-24　清洗后的瓶苗整齐排放在预处理床上

株，需3～4小时才能栽完。栽苗的过程，也是炼苗的过程。但前提是栽培基质不能湿，以潮润状态最佳。栽后成活率均在90%以上。特别值得注意的是，炼苗时试管苗集中在一起易遭鼠害，应有防鼠对策。但也有深刻的教训，2014年4月3日，他们将43万株苗洗好后，遇上8天下雨，基质太湿苗无法栽下去。受场地小的限制，无法薄摊晾干通风，幼苗堆得过厚（约10厘米），下层苗发生腐烂，损失不小。若瓶苗数量不大，保守的炼苗方法如下。

a. 选阴凉通气的房间，地面铺上3层废旧报纸，然后反复喷上清水，务必使报纸充分湿透，根据瓶苗的多少来确定铺放报纸的面积。这种铺放湿报纸的场地，称预处理床。

b. 将清洗后的瓶苗，整齐排放在预处理床上。瓶苗堆放厚度约5～10厘米，不要堆得太厚，以免发热。

c. 待瓶苗叶片干之后，均匀喷施1000倍代森锰锌或1000倍甲基托布津药液于植株上，预防病菌入侵。

d. 预处理期间，若气温高达30℃以上时，每天上午10:00、下午16:00各喷1次水。阴天可只喷1次水；雨天看情况，可以不喷水。尤其注意预处理期间，切勿过湿，只要保持潮润就行。

（五） 铁皮石斛的栽植

1. 栽植密度

瓶苗（图2-2-25）：行距15厘米，株距10厘米，每平方米栽67丛，每丛3株，即每平方米栽201株。驯化苗：行距20厘米，株距15厘米，每平方米栽33丛，每丛3株，即每平方米栽99株。铁皮石斛密度宜高不宜稀（图2-2-26，图2-2-27）。因为种植密度稀则产量低，作床、搭架、遮阴等材料都算上去，经济上反而不合算。但种植密度太高，苗的成本高，初期开支大，普通群众难以接受。

2. 栽植方法

首先，铁皮石斛最好用丛栽法，每3株一起作一丛栽，不要单株栽植，否

图 2-2-26　铁皮石斛瓶苗在种植床上种植过程

图 2-2-25　瓶苗　　　图 2-2-27　种植密度适当的铁皮石斛瓶苗

则成活率低，长势差。其次，铁皮石斛栽植时必须浅栽。具体操作方法是：用手指在栽培基质上按株、行距挖一个小穴，深约2厘米，然后将铁皮石斛3株苗抓在一起，放入穴内，舒展根系，盖上基质，再用手轻轻压紧就可以。

（六）　瓶苗种植后早期的管护事项

1. 病害防治

通过增强铁皮石斛种苗自身免疫力和抗病能力，少生病，少打药，才是提高产品质量的根本措施。通过适当的管护措施增强铁皮石斛种苗自身免疫力和抗病能力的合适时期有3个，即栽后1～3个月的危险脆弱期，入冬前，以及开春复苏期。

（1）栽后1～3个月的危险脆弱期。具体的管护措施包括，栽后一星期，喷1次高效低毒防病药，特别是防治软腐病，效果很好。如用农用链霉素配代森锰锌，则选择浓度1000倍喷雾。如遇阴雨天多，则用百菌清1000倍喷雾，该药为高效广谱的保护性杀菌剂，无腐蚀作用，在植物表面易黏着，耐雨水冲刷，残效期一般 7～10 天。此外，3 个月内勿施氮肥（包括尿素及有机氮肥）。为提高铁皮石斛苗的抗性，可在 1 个月后喷施 1 次磷酸二氢钾 1000 倍液，并配"硕丰 481"（按说明浓度使用）。以后每半月 1 次，共喷 3 次即可。

（2）入冬前。铁皮石斛入冬后，为防霜冻要盖防寒膜，棚内空气流通差一些，特别是遇到乍暖天气，棚内温度升高，空气不流通而产生闷气，最易发生病害。因此，在入冬前要打 1 次防病的药，提高铁皮石斛苗的免疫力。可用代森锰锌 1000 倍液，配磷酸二氢钾。

（3）开春复苏期。铁皮石斛在薄膜大棚内越冬，受寒冷的影响，活力下降，容易染病。此期间主要是提高植株活力，促使新芽萌发，喷施 1000 倍磷酸二氢钾配"硕丰 481"；每半月喷 1 次，共喷 3 次即可，效果非常好。值得说明的是，磷酸二氢钾既是肥料，又是重要的生长调节剂，富含磷、钾成分，能溶于水，安全无毒；能稳定土壤的 pH 值，促进植物根际微生物菌群生长繁殖，促根系发达，增强抗病、抗逆性。"硕丰 481"，即芸苔内脂，是一种源于植物而作用于植物的内源性植物生长调节剂。易被植物吸收。它不仅具有生长素、细胞分裂素、赤霉素等植物生长调剂的多种功能，且生理活性更强，使用量更少，成本低，见效快，增产显著，可在铁皮石斛生长发育的不同阶段使用。

（七）　铁皮石斛栽植后期的田间管理

铁皮石斛栽植成败的关键在田间管理。这是一项非常细致、繁琐、辛苦、科学的工作，必须全身心地投入，深入观察每个细小的变化，及时采取相应措施，才能收到良好的效果。

1. 水的管理
铁皮石斛栽培的核心技术就是科学用水。

（1）严格控制水分。初学栽培的人，往往用水过多，导致铁皮石斛苗病害严重而失败。栽后 3 天，若无高温，不必浇水。每天铁皮石斛苗保持湿润状态的时间为4小时，其余20小时为潮润状态。湿润与潮润尚无量化标准，只能凭感觉与经验。例如用喷雾器将铁皮石斛苗与床面喷湿，1小时后用手摸基质，有明显湿的感觉，但基质挤不出水，这就是湿润；比湿润再干一点，手摸有润的感觉，基质颜色不发白，这就是潮润；若表面基质发白，手摸感到燥，扒开基质2～3厘米也较干时，这就表明缺水，要及时浇水。浇水必须浇透，即栽培基质层10厘米全湿透；不能浇"吊脚水"，即基质只湿透表层2～3厘米，下层全是干的。铁皮石斛栽植3天后，根据基质湿润情况可以浇水，但30天内不宜施肥。

（2）分阶段浇水法。铁皮石斛栽后2个月内以保持潮润状态为主，原则是宁干勿湿。2个月后铁皮石斛苗开始生长并萌发新茎，长出新根系，这时需水量较大，以保持湿润状态为主。每天浇水次数要视气温、基质干湿情况来决定。一般高架床，晴天每天浇水1～2次；地面石块床，可以2～3天浇1次水。

（3）每天浇水时间。由于铁皮石斛具有景天酸代谢"四阶段"特征，其浇水时间也相应地具有特殊性。原则是浇水后叶面不能有水珠过夜，即叶表面必须干燥过夜，否则，叶片易染病腐烂。因此，浇水时间宜为上午9:00～10:00点，下午16:00～17:00点。

（4）自然雨水的利用与防范。天空中降下的自然雨水，是对铁皮石斛生长最好的水，应充分利用。栽后1～2个月，让小雨自然淋1～2小时，基质湿透后，立即盖上防雨棚（图2-2-28～图2-2-30）。切忌大雨、暴雨直接冲刷。2个月后的铁皮石斛苗，可让小雨淋4～5个小时，也忌暴雨、大雨。一年以上的苗木，抗病力强，生长需水量较多，可以让小到中雨淋1天，但连绵阴雨时，仍需盖防雨棚。

（5）栽后切勿淋安菀水，这与常见的农作物种植、造林等截然不同。因铁皮石斛幼苗怕水多，水多易染病。

2. 施肥

在自然状态下铁皮石斛依靠共生真菌菌丝吸收水分和矿物质营养，并依靠菌丝分解根部附着的枯枝落叶获取葡萄糖和氨基酸等有机养料。由于生境恶劣，铁皮石斛生长极慢。人工栽培为铁皮石斛提供适生环境，从而可以大幅提高产量，因此适当施肥是必要的。施肥用的喷雾器、洒水桶等施肥用具，在施

图 2-2-28　高面全部打开的半封闭防雨棚

图 2-2-29　高面打开离床面 20 厘米的半封闭防雨棚

图 2-2-30　全封闭防雨棚

肥前、后均要清洗干净。

（1）肥料种类。"花多多"高氮肥、"花多多"平衡肥、磷酸二氢钾、功能性冲施肥、松尔复合肥（功能型）等多种肥料均可使用。但以两种"花多多"肥交替使用最好、最安全。尤其栽植的第1年施肥，应以"花多多"肥为主。

（2）施肥浓度。铁皮石斛叶膜质，对肥料浓度十分敏感。肥料最高浓度为1000倍稀释，否则易产生肥害。肥害的表现为卷叶、叶灼伤、叶发黄、脱叶或整株死亡，轻则影响一年的生长，重则"全军覆没"。所以，铁皮石斛只能施稀释肥。同时，1000倍液的浓度还要看天气来定，阴天，气温在30℃以下，施1000倍液浓度恰当；气温30℃以上的晴天，阳光强烈，施肥浓度则以2000倍液为宜。

（3）施肥时间与次数。铁皮石斛施肥可结合抗旱浇水进行。一般上午9:00～10:00，下午16:00～17:00点为宜。铁皮石斛生长高峰期为4～9月，此时可每周施肥1次，以施叶面肥为主。

施肥需特别注意的是：严格控制氮肥用量，最好不用尿素，"花多多"平衡肥与"花多多"高氮肥也要交替使用；饼肥、鸡粪等含氮高的有机肥不要用；羊、牛、兔等食草动物的粪，在充分发酵后，可以少量施用。

3. 花期管理

铁皮石斛花是植物的精华，营养价值与药用价值极高，应高度重视。

（1）开花期。人工栽培的铁皮石斛开花时间是6月中旬至7月中旬，盛花期为6月下旬。野生铁皮石斛则是夏至前后开花。

（2）人工授粉（图2-2-31，图2-2-32）。选优良植株进行人工授粉。铁皮石斛在野生状态下进行自然授粉是十分困难的，虽然花粉块到柱头只有2～4毫米的距离，但在自然界中如果没有传粉昆虫的帮助，两者则是"天各一方""万里之遥"。通过人工授粉技术可更容易得到果实，进而用种子来播种、繁殖种苗，这为发展铁皮石斛产业打开了方便之门。同时这也是一种保护石斛野生资源、保护优良品种、推广良种、恢复石斛种群的好办法。我们进行了3年的试

图2-2-31 用镊子进行铁皮石斛人工授粉

图2-2-32 用竹制牙签进行铁皮石斛人工授粉

验，第二年人工授粉成功率为21.8%，成果率为16.17%；第三年授粉成功率高达58.1%。最佳授粉时间是花自然张开后的第二天下午到第三天，以晴天最好，阴天次之，雨天最差。大风天不宜授粉。授粉用的镊子尖头要尖、薄。铁皮石斛为总状花序，花瓣与外面的萼片均为乳黄色，其中1枚花瓣变异成唇瓣。花的雌蕊与雄蕊合为一体，形成典型的合蕊柱结构。柱头在合蕊柱下方，花药在合蕊柱上方，中间有一隔膜将它们隔开。每朵花有花粉团4个，两两连在一起，形成两个花粉块，呈乳黄色，水滴状，药室上有一个药帽覆盖。花粉块颜色从黄白色到老黄色转变，以蛋黄色时授粉效果最佳。授粉时，用镊子将花粉块夹起，放在合蕊柱下部凹陷的柱头上，轻轻压紧不脱落即可。授粉最好进行异株异花授粉。若不同株花期不同，可将先开花的花粉块置洁净的培养器中，放冰箱冷藏室保存，用时将镊子尖沾点冷开水即可沾住干花粉块进行授粉。

　　授粉成功后，花的子房开始膨大，呈青绿色，1周后便进入幼果期（图2-2-33～图2-2-39）。从幼果到果实成熟，一般需120天，即在10月中旬左右果实成熟。当果实端部有1/3呈黄绿色时，就可采摘。果采回后，用小薄膜袋装着，每袋10个，袋口插一根空心小塑料管，以便通气。然后放冰箱冷藏室暂时保存，保存时间越短越好，尽快送种苗生产单位进行育苗。

图 2-2-33　异花授粉后第 3 天的情况：示花被片变色并开始萎蔫

图 2-2-34　异花授粉后第 5 天的情况：示花被片凋萎

图 2-2-35 异花授粉后第 15 天的情况：示子房已膨大

图 2-2-36 异花授粉后第 40 天幼果发育状况

图 2-2-37 异花授粉后第 50 天果实发育状况

图 2-2-38 自花授粉后第 54 天幼果状况

图 2-2-39 为铁皮石斛进行人工授粉及授粉后花朵变化

（3）铁皮石斛花朵的采集与加工（图2-2-40，图2-2-41）。大多数铁皮石斛花是不需授粉的，因为如果任其自然开花则存在2个弊端：一是开花过程需要消耗植株大量养分，影响生长；二是任花凋谢而不加以利用，是巨大浪费。正确的做法是：待花即将开放时，及时采摘下来，置冰箱保存，待达到一定数量后，将鲜花隔水蒸熟，再晒干（不蒸熟很难晒干）。铁皮石斛花是很好的药品兼保健品，比铁皮石斛茎的药效还高。目前每100克干品花市场价为1000元，加工100克干品花大约需3400朵鲜花，平均每朵花单价约为0.3元，经济效益可观。

图2-2-40 铁皮石斛果实采收

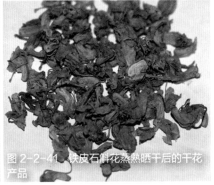

图2-2-41 铁皮石斛花蒸熟晒干后的干花产品

（八）病虫害防治

病害和虫害是影响铁皮石斛成活率、产量的主要因素。在栽培全过程中，都要十分重视，不可粗心大意。

1. 病害防治

首先，预防病害的发生，要按技术要求做好通气、排水、遮光等各项工作。其次，在铁皮石斛未发现病害之前，每月喷1次预防病害的药，即1000倍代森锰锌溶液，很有效。下面介绍几种主要病害的防治方法。

（1）细菌性软腐病（图2-2-42～图2-2-49）。病原菌为细菌类欧氏杆菌。软腐病是夏季铁皮石斛的主要病害，其他季节也有发生，但没有夏季严重。特别是栽后的1～2个月，最易得此病。高温高湿环境最易发生软腐病，且发病快。

茎部变黄，叶子、根部正常

图 2-2-42 软腐病初期状况

茎部变黄，
叶子开始腐烂，
根部正常

茎部腐烂，叶子变
黑腐烂，根部正常

图 2-2-43 软腐病中期状况　　　　图 2-2-44 软腐病后期状况

图 2-2-45 种苗健康生长状况

图2-2-46　软腐病初期症状——叶片开始发黄

图2-2-47　软腐病中期症状——离地面一定距离处的茎段出现腐烂

图2-2-48　软腐病中期症状——离地面一定距离处的茎段出现腐烂

图2-2-49　软腐病后期症状——叶片腐烂

其病原菌多从根茎处浸染，也可以从种植和管理作业中产生的伤口、害虫啃食的伤口、叶或植株基部自然脱叶裂口或伤口处浸染。软腐病受害处开始时呈暗绿色水浸状，迅速转变成褐色并软化腐烂，有特殊臭味，叶片迅速变黄。发现此病，要及时加强通风透光和降低棚内湿度，并移除病株以及病株处的基质（因软腐病病原菌在带有残体的基质中可长年存活），然后重新用消过毒的基质栽植周围未感染的铁皮石斛植株。此外，昆虫也能传播此病，因此，还要做好防虫工作。

药物防治　a. 配制农用链霉素2000倍液，用喷雾器喷植株及圃地，每7～10天喷药一次，连续3～4次即可；也可用灌根的方法，但要注意栽培基质的湿度；b. 用科博1000倍液喷杀，一般在发病前或者发病初期使用效果比较好，它属于保护性的杀菌剂，每周1次，直至病情控制为止。

（2）炭疽病（图2-2-50）。该病在高温多湿、通风不良的条件下易发生，主要由刺盘孢属的一种真菌引起。发病初期，叶上出现黄褐色稍凹陷小斑点，逐渐扩大为暗褐色圆形斑。叶尖端病斑可向下延伸造成叶片分段枯死；叶基病斑连成一片可导致全叶迅速枯死。炭疽病大量发生时可造成铁皮石斛植株落叶，从而严重影响生长。一般1～5月均有炭疽病发生，该病原菌的分生孢子主要靠风、雨、浇水等方式传播扩散，从伤口处浸染；若栽植过密、通风不良，铁皮石斛叶片也可相互交叉感染。

图 2-2-50　炭疽病——示叶基病斑连成一片

防治方法　适当控制水分，加强光照，改善棚内通风条件；发现有零星叶片要及时摘除，必要时清除病株残体，保持环境清洁；在病害发生期，尽量避免用喷灌浇水方法。

药物防治　a. 75%甲基托布津1000倍液，喷雾；b. 25%炭特灵可湿性粉剂500倍液；c. 80%炭疽福美可湿性粉剂800倍液。上述3种药物交替使用，每周喷1次，直至病除。

（3）黑斑病（图2-2-51～图2-2-53）。这是铁皮石斛最常见的一种病害，病原是链格孢属的一种真菌。病原菌主要为害幼嫩的叶片，使叶枯萎产生黑褐色病斑，病斑周围叶片变黄，受害严重时植株叶片全部脱落。老叶基本不会被侵染，2～3年生植株上发出的新叶常被侵染。一般3～5月发生。

防治方法　加强通风透气，控制水分。

药物防治　a. 25%使百克乳油1000倍液，喷雾；b. 病克净1000倍液，喷雾；c. 75%甲基托布津1000倍液，喷雾。3种溶液交替使用，每周喷1次，直至病除。

图 2-2-51　黑斑病——植株顶部叶片出现不明显的黑褐色斑点

图 2-2-52　黑斑病——典型叶片症状

图 2-2-53　黑斑病后期症状——叶片枯黄

（4）根腐病（图2-2-54～图2-2-57）。雨季高温高湿，基质水分过多易发此病。病原菌为真菌立枯丝核菌。主要为害肉质根并引发植株基部腐烂。发病初期根上出现浅褐色、水渍状病斑，病情扩展后叶片变为褐色并腐烂，根则逐段腐烂直至全根腐烂，最

图2-2-54　根腐病局部发病情况

后蔓延到植株的基部。由于根系受害，轻时叶尖干枯，叶片黄绿，长势差；重时全株死亡。软腐病与根腐病的区别在于：前者先烂茎、叶，后者先烂根系。

防治方法　据宋希强教授研究，铁皮石斛对铜离子十分敏感。因此，在防治病虫害时，不宜使用硫酸铜、波尔多液等含铜离子的农药。一旦发现病株要及时拔除，并要移除病株周围的栽培基质，并用1%的高锰酸钾消毒基质。病害发生初期可用是敌克松600倍液或粉锈灵600倍液浇根，还可以用70%卡霉通600倍液和"绿邦98"1000倍液浇根，一周1次，连续3～4周会有效果。但

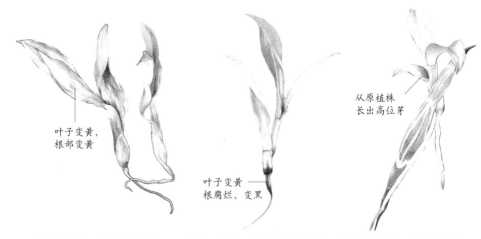

叶子变黄，根部变黄

叶子变黄根腐烂，变黑

从原植株长出高位芽

图2-2-55　根腐病初期状　　图2-2-56　根腐病严重期状　　图2-2-57　根腐病施药后，恢复生长状况

栽培基质不能积水。

（5）黏菌（图2-2-58～图2-2-61）。黏菌是一种原生生物，现在的系统分类学将其系统进化位置归在植物与真菌之间，并且与其他原生生物之间有一段距离（这段距离由植物占据）。它喜阴凉潮湿的场所，营寄生生活。

防治方法　可用普通的杀菌剂来控制黏菌，如1000倍多菌灵，甲基托布津，代森锰锌喷雾，每周一次，交替使用。建议：平时注意控制基质湿度，做好通风措施。同时，还要用毛笔或牙刷，将植株上的黏菌刷掉，这是最有效的方法。

图2-2-58　黏菌在铁皮石斛叶片的症状

图2-2-59　黏菌在铁皮石斛叶片和植株的症状

图2-2-60　黏菌在铁皮石斛植株和栽培基质的症状

图2-2-61　黏菌菌丝的形态

2. 虫害防治

虫害对铁皮石斛威胁很大，稍有不当，会造成巨大损失。多年栽培过程中，遇到危害最大的害虫包括蛞蝓、蜗牛、斜纹夜蛾、蝗虫等。现分述如下。

（1）蛞蝓（图2-2-62）。别名蜒蚰、鼻涕虫。成体伸直时体长30～60毫米，体宽4～6毫米，内壳长4毫米，宽2～3毫米，长梭形，柔软，光滑而无外壳，体表暗黑色、暗灰色、黄白色或灰红色。触角2对，暗黑色。

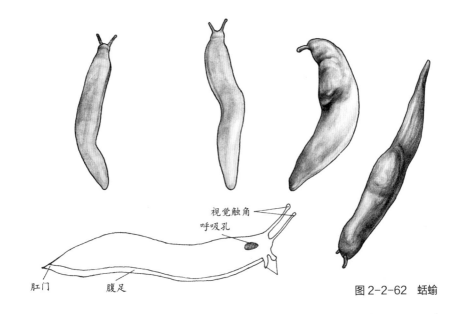

视觉触角
呼吸孔
肛门　腹足

图 2-2-62　蛞蝓

此外，危害铁皮石斛的还有黄蛞蝓和双线嗜黏液蛞蝓。

发生规律　蛞蝓的成虫或幼体在作物根部湿土中过冬。5~7月在田间大量活动为害作物；入夏气温升高，活动减弱；秋季气候凉爽后又大量活动造成危害。蛞蝓怕光，强日照下2~3小时即死亡，因此，蛞蝓均夜间活动，从傍晚开始，晚上10~11时达高峰，清晨之前又陆续潜入土中或隐蔽处。蛞蝓主要以舔吸式口器为害幼嫩的叶和茎。蛞蝓为害铁皮石斛后的典型症状是，受害的叶片仅存淡白色的薄膜，叶肉全部被吃光。

防治方法　避开低洼地、水湿地、水田、池塘旁等地方作为铁皮石斛栽植场地；若只能在上述场地种植铁皮石斛，则在作床前要清除场地周围的杂草及枯枝落叶，并洒一层生石灰粉以便降低蛞蝓虫口密度，减少危害。在蛞蝓出没的地方或栽培基质四周干燥的地方撒盐粒，也有效果。

药物防治　防治蛞蝓的特效药为60%甲萘四聚颗粒剂，其有效成分包括甲萘威、四聚乙醛，对蛞蝓等无壳软体动物有特效杀伤力。60%甲萘四聚颗粒剂的特点是引诱力强，并且具有强烈的胃毒和神经毒害作用，对作物安全；使用方法简单，无环境污染；同时下雨或多次浇水也不易化解，只要没有被大雨冲走或被土壤覆盖就不必再施撒该药。使用方法：将颗粒药丸撒施于畦面或铁皮石斛根的周围，最好在日落后、天黑前施用，雨后转晴的傍晚尤佳。每亩用量0.5~0.75千克，施药温度在13~28℃为宜。若使用甲萘四聚颗粒不理想时，可用一种商品名叫"地下原子弹"的专治地下害虫的有机农药，该药有缓释作用，有效期长，无内吸作用。"地下原子弹"适用蔬菜、果树、花生、中药材等农产品的无公害生产，其有效成分主要包括毒死蜱，含量为15%。该药为颗粒型，适宜雨后撒施。凡高架床的下面及步道、排水沟、苗床四周，都应撒上"地下原子弹"，形成隔离带，效果非常好。但铁皮石斛栽植床面，仍以撒甲萘四聚颗粒并结合人工捕捉为佳。特别值得注意的是，上述2种药误服有毒，施药前应详细阅读说明书，施药后用肥皂水洗手及接触过药的皮肤；用药时不要进食、饮水或吸烟，如感不适，即请就医，并出示农药标签。长期使用甲萘四聚颗粒剂会使蛞蝓产生抗药性，效果明显降低，这时必须改用密达。

生物防治　在蛞蝓为害期间，在畦面及其周围喷施油茶饼液。具体方法是，粉碎油茶饼0.5千克，加水5千克，浸泡10小时左右，搅拌后过滤，向清液中再加水20~25千克，然后喷雾施用。

　　2009年在刘叙勇处的铁皮石斛种植棚内发生大量的蛞蝓虫害，近万株铁皮石斛的叶片几乎全部被吃光（图2-2-63～图2-2-67）。在2009年6月23日至26日4个晚上，刘叙勇带领6个人捉了1万多条蛞蝓，1株小苗上最多竟有7条蛞蝓。别看蛞蝓体积小，但真有点"惊心动魄"。当我们用硫酸铜粉剂堵住地面上蛞蝓向上爬的通道时，它们竟然从围栏的铁丝网爬到遮阳网上，穿越小孔隙，"空降"到铁皮石斛栽培的畦面上，真可谓"虫小鬼大"。此外，对乐果、氧化乐果、敌敌畏等农药，它们毫不惧怕，药沾到身上也不死。后来，我们请教宋希强教授，用"四聚乙醛"颗粒，撒于畦面上，才把它们杀死。

图2-2-63 蛞蝓爬过之处：示白色黏液带

图2-2-64 蛞蝓为害初期症状

图 2-2-65 蛞蝓为害典型症状：示叶片仅存淡白色的膜状物质

图2-2-66 蛞蝓为害后期症状：叶片成筛状

图 2-2-67 蛞蝓为害对生长的影响：无叶的茎为遭受蛞蝓危害的茎

（2）蜗牛

发生规律　蜗牛是地上爬行的腹足纲软体动物，一般一年繁殖1～3代，在湿度大、温度高的季节繁殖很快。每年5月中旬至10月上旬是活动盛期，多在4～5月产卵于草根、土缝、枯叶或石块下；每个成体可产卵50～300粒。6～9月，蜗牛的活动最为旺盛，一直到10月下旬开始减少。

防治方法　对蜗牛的防治通常要采取一系列综合措施，着重减少其数量。消灭成年蜗牛的主要时期是春末夏初，尤其在5～6月蜗牛繁殖高峰期之前。这期间要破坏适宜蜗牛繁殖的环境，具体措施包括以下几点。a. 控制土壤水分。上半年雨水较多，特别是地下水位高的地区，应及时开沟排除积水，降低土壤湿度。b. 人工锄草或喷洒除草剂清除绿地四周、花坛、水沟边的杂草，去除地表茂盛的植被、植物残体、石头等杂物，这样可降低湿度，减少蜗牛隐藏地，破坏蜗牛栖息的场所。c. 春末夏初前要勤松土或勤翻地，使蜗牛成体和卵块暴露于土壤表面，在阳光下暴晒而亡。冬春季节天寒地冻时进行翻耕，可使部分卵暴露地面而被冻死或被天敌取食。d. 人工捡拾。该办法虽然费时但很有效。坚持每天日出或阴天蜗牛活动时，在土壤表面和绿叶上捕捉，使其群体数量大幅度减少后可改为每周一次。捕捉的蜗牛一定要杀死，不能扔在附近，以防其体内的卵在母体死亡后继续孵化。e. 在绿地边撒石灰带，蜗牛沾上石灰就会失水死亡，此方法必须在绿地干燥时进行，可杀死部分成年蜗牛或幼虫。

药物防治　采用化学药物进行防治，于发生盛期每亩用2%的灭害螺毒饵0.4～0.5千克搅拌干细土或细沙，或5%的密达（四聚乙醛）杀螺颗粒剂0.5～0.6千克，或8%的灭蜗灵颗粒剂0.6～1千克，或10%的多聚乙醛（蜗牛敌）颗粒剂0.6～1千克，于傍晚均匀撒施于草坪土面。成株基部放密达20～30粒，灭蜗牛效果更佳。

（3）斜纹夜蛾（图2-2-68～图2-2-71）

发生规律　斜纹夜蛾幼虫主要以咀嚼式口器为害幼嫩的叶和茎，被危害的叶片、新芽与幼茎被啃断或啃成缺口。在铁皮石斛苗床中，斜纹夜蛾幼虫白天常躲在基质中，常被误认为是地老虎，但仔细观察斜纹夜蛾幼虫和地老虎是有区别的。斜纹夜蛾在亚背线内侧各节有一近半月形的黑斑，而地老虎幼虫则没有；斜纹夜蛾晚上爬到植株上面吃叶和茎，地老虎则是咬断植株拖入洞中取食，往往洞口留

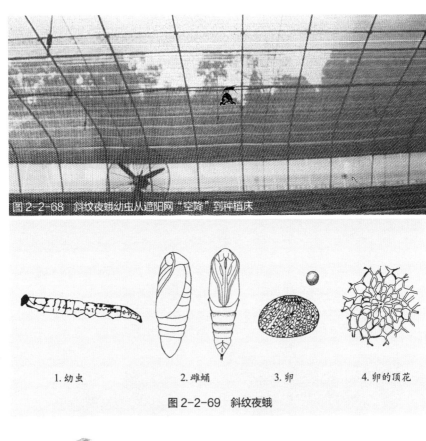

图 2-2-68 斜纹夜蛾幼虫从遮阳网"空降"到种植床

1.幼虫　　　　2.雌蛹　　　　3.卵　　　　4.卵的顶花

图 2-2-69 斜纹夜蛾

图 2-2-70 斜纹夜蛾

图 2-2-71 斜纹夜蛾幼虫形态

有植物的茎、叶；翻开地下基质，能看到成群的斜纹夜蛾幼虫，多达几十条，地老虎则以单个成体为主。鉴别斜纹夜蛾幼虫和地老虎很重要，它们的防治方法各不相同。

药物防治 经过多种药物比较，以"乙基多杀菌素"防治斜纹夜蛾幼虫效果最好。该药有效成分含量为60克/升，剂型为悬浮剂，无内吸性。具体用法是稀释到1000倍液喷雾，喷雾时应均匀周到。药剂易沾附在包装袋或瓶壁上，需用水洗一下。施药后6小时内遇雨，待天晴后需补喷。

（4）蝗虫（图2-2-72～图2-2-74）

发生规律 山区、丘陵区栽培铁皮石斛的圃地均有蝗虫为害。而且蝗虫食量很大，容易成灾。蝗虫为害盛期为6～8月高温期。

防治方法 在栽培地四周及顶棚全部盖上遮阳网，可防蝗虫及其他蛾类进入；但林下栽培的，只能靠药物防治。

药物防治 1～2龄阶段用1000倍乐果乳油溶液喷杀，效果较好，但该方法对成虫无效。成虫只能用尿液诱杀法。具体操作方法是，用纯尿5千克，加入50～80毫升乐果或敌敌畏等农药原液，再将稻草扎成小束，浸于尿液中24小时，于上午10:00时以后，置畦面或步道，每隔1～2米放一束用药药液浸过的稻草。利用中午高温，将尿的气味蒸发出来。蝗虫闻到尿味（因蝗虫喜吃尿），前来吸食稻草中的尿而中毒。

图2-2-72 蝗虫形态特征　　图2-2-73 被蝗虫为害的铁皮石斛果实

图2-2-74 被蝗虫为害的铁皮石斛叶片　　图2-2-75 螽斯正在为害铁皮石斛

图2-2-76 避债蛾正在为害铁皮石斛植株

图2-2-77 简易诱蛾灯

图2-2-78 为害铁皮石斛的山鼠

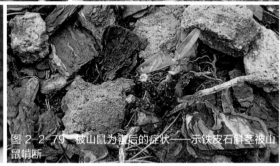
图2-2-79 被山鼠为害后的症状——示铁皮石斛茎被山鼠啃断

除了蝗虫外，铁皮石斛的其他害虫还有蟊斯（图2-2-75）、避债蛾（图2-2-76）等，何烈熙同志在林下圃地设诱蛾灯来诱杀害虫（图2-2-77），效果很好。

（5）鼠害（图2-2-78，图2-2-79）

发生规律 家鼠、山鼠都爱吃铁皮石斛，一旦吃上瘾，一只鼠一个晚上可吃掉几十株，而且专选生长最好的吃。所以，鼠害最使人揪心。老鼠非常机灵，很难防住它。

防治方法 总结几年的经验，防治方法包括以下几种。a. 毒饵诱杀法。购鼠药拌上米饭，置老鼠经常出没的地方。b. 粘鼠法。购"万友粘鼠大侠"粘鼠板，放在老鼠为害的地方。一旦老鼠踩上粘鼠板，再也无法逃脱。同时，被粘住的老鼠会向同伴发出此地危险的信号，要它们不要来这"危险地方"送死。因此，该方法作用大，只要粘住一只鼠，2～3个月内就没有鼠来为害。c. 抛尸恐吓法。将捕捉的老鼠尸体剁碎成小块，撒于老鼠经常活动为害的地方。老鼠闻到同类尸体气味，便逃之夭夭，再也不敢光顾，可保3～4个月"太平"。对付老鼠，要经常更新方法才能收到较好的效果。特别值得一提的

图 2-2-80　种植床栽培基质上的蛙类动物

图 2-2-81　种植床栽培基质上的蛙类动物

是，夏天铁皮石斛苗圃地里常有青蛙（图2-2-80，图2-2-81）、蛇类活动。这是求之不得的好事，因为青蛙吃害虫，蛇吃鼠类，也吃青蛙，这是一个食物链。我们要好好保护这些"小精灵"为我们服务，千万别伤害它们。

（九）铁皮石斛的越冬管理

铁皮石斛的自然栽培与半自然栽培模式，在低温阴雨、冰雪、霜冻天气，易遭冻害（图2-2-82）。冻害表现特征为，叶片像沸水泡过一样，接着掉叶，严重时茎变软成真空状干枯；根系及根茎未死的植株，第2年春天，能萌出芽来，长几片叶，形成很小的植株，但长势很差，若再不采取防寒措施，第2个冬天则整株死亡。当气温降至5℃左右时，就要采取防寒措施（5℃是铁皮石斛的防寒警戒线）。越冬苗不掉叶，来年新芽萌发就早，生长快，这是丰产的关键。理想的铁皮石斛植株越冬状况应该是叶不脱落，茎具有不同程度的皱缩（图2-2-83，图2-2-84）。越冬需做好如下几项工作（图2-2-85～图2-2-87）。

（1）入冬前于11月上旬圃地全面喷洒一次1000倍代森锰锌溶液防病。

（2）10月底停止施肥，11月至翌年2月不要施肥。3月气温回升至10℃以上时施1000倍液"花多多"或磷酸二氢钾肥。

（3）加固防寒防雨高低棚及阴棚，严防雪压与霜冻。一旦雪、霜落到铁皮石斛苗上就会造成苗的死亡。因此，防寒马虎不得，一定要提高警惕，注意收看天气预报，提早做好防寒、防霜冻准备。特别是防霜冻，因为通常晴天夜晚有霜，容易使人放松警惕而漏防。

图 2-2-83 铁皮石斛植株过冬时茎具有轻微的皱缩

图 2-2-82 铁皮石斛植株遭受冻害的状况

图 2-2-84 铁皮石斛过冬时茎干明显皱缩

图 2-2-85 入冬前为种植大棚加盖防寒薄膜

图 2-2-86 种植大棚内苗床上方盖一层无纺布防止低温危害

图 2-2-87 种植大棚被暴雪压塌场景

图 2-2-88 新型木制拱棚

（4）科学盖好防寒棚。揭、盖防寒防雨棚，非常费时费工，容易使人疲劳。巧妙的办法是，覆盖防寒薄膜时，低面和斜坡面盖严，高面灵活变动，大多数时间，高面薄膜盖到离地10～15厘米用于通气就可以了；床面两端的薄膜打开通气，这样通气防寒两不误。但铁皮石斛是附生植物，对空气十分敏感，所以每隔10天左右，利用晴天，于上午10:00至下午16:00，将高面全打开，让它们吸收新鲜空气和沐浴阳光（下午16:00后，高面仍按原样盖好）。这点很重要，若1～2个月不打开，铁皮石斛就容易生霉蕈，产生软腐病。请记住，铁皮石斛的管理，任何时候，通气良好都是第一位的。

通过多年的实践证明，高低棚这种模式，只适合小面积的梯土栽培。而大面积平坦地栽培不适用。主要问题是：高度不够，盖上薄膜造成通气不良，易生病害。其次，若面积大（超过1亩），盖膜揭膜过程费时费工，操作不便。陈孝柏创新了一种新型木制拱棚（图2-2-88）。搭建方法：两个栽植床箱面合做一个拱形棚，宽2.8米，中间立柱高2.2米，边柱高1.8米，长按地形而定；用宽5厘米竹片搭于高低立柱上，形成弓形骨架，并用铁丝固定；再在骨架上横放若干竹片固定，再盖上遮阳网，冬季在遮阳网上加盖防寒膜即可。此模式优点是抗雪压能力较强，通风透气性好，防寒效果好。

新宁县黄龙镇茶亭村金崀合作社大面积种植60余亩，59个大棚，若用木制大棚已不适用，必须用钢架棚（图2-2-89～图2-2-91）。他们首先将地整理成9米宽一箱，长度按地形而定。做到整齐一致，便于施工操作。钢架棚宽8米，棚内作4个苗床，宽1.4米，步道宽40厘米，中间工作道80厘米。中央主柱高3.3米，侧柱高1.8米，长度按地形而定，大多超过50米。这种长度极易造成中间通气不良。他们是如何解决这个问题的呢？具体方法是：一年四季都要盖遮阳网，春、夏、秋三季不盖薄膜，防止高温、高湿、闷气。冬季为防霜冻、冰雪，加盖薄膜；但大棚两端不封闭，以便空气对流。同时，两侧薄膜不完全落地，留50～100厘米高不封闭，以便空气对流。这样大棚内晴天不会产生高温、高湿、闷气；霜、雪天棚内温度不低于0℃。

图 2-2-89　金岚合作社大棚种植基地全景图

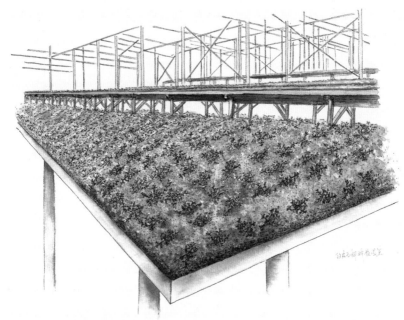

图 2-2-90　钢架大棚种植床

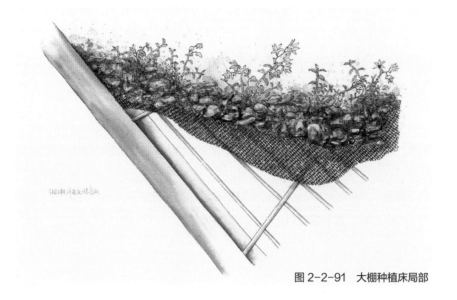

图 2-2-91　大棚种植床局部

（十）铁皮石斛发生药害、肥害造成僵化苗的解救方法

铁皮石斛在栽培过程中往往因肥料浓度过高、用药比例不当或误用含铜离子的微量元素肥而对铁皮石斛造成伤害。具体表现为，叶片萎缩，精神不振，严重时叶黄，叶片脱落，影响生长；整个植株则变成停滞不长，不发新根、不长新叶的僵化苗。

铁皮石斛发生药害、肥害后的解救方法如下。

用"硕丰481"一小包（液剂）兑清水15千克，再用食醋50克、白糖（或红砂糖）50克充分溶解后与"硕丰481"水溶液混合。用喷雾器均匀喷于叶面及茎上，每隔7天喷1次，连续喷3次，可以恢复生长。我们还将其用于病后生长不良的植株，同样收到良好的效果。

用药成分说明。

"硕丰481" 有效成分为芸苔素内酯，含量为0.1%。主要作用：生长调节剂，促进植物生长增产。注意事项：不能与碱性农药混用，可与中性、弱酸性农药混用；用药后6小时内如遇雨淋，需补喷。另外还有"硕丰481"粉剂，效果相同，但用时需用50～60℃的温水溶解后再用。"硕丰481"的特点是低毒，安全，无农药残留。

食醋　就是我们常吃的米醋，它对生长不良的植物有"起死回生"的作用。食醋能加强植物的光合作用，提高叶绿素含量，增强植物抗病能力。

白糖或红砂糖　含有丰富的矿物质、维生素、氨基酸、葡萄糖、果糖、叶酸、核黄素、胡萝卜素、纤维素等能提供植物丰富全面的营养，促进细胞再生。

因此，"硕丰481"+食醋+白糖（或红砂糖）是一个很科学的配方，经多次大面积使用，效果很好。

三、原生态栽培模式注意事项

（1）排水设施一定要搞好，要预计到最大洪水的排泄量。一般下雨天时步道内不能有积水，每条步道及排水沟都要能做到排水通畅。

（2）钢架棚或木制棚要具备抗雪压的能力。2013 年 12 月 16 日凌晨2:00～3:00 突降暴雪，茶亭金岚合作社的 38 个大棚及陈孝柏私人 4 个木制大棚全部被积雪压垮。这次事故的原因是设计建设大棚时候缺乏经验，没有预计到会有这么大的雪。因而钢架使用的钢管直径偏小，承受压力偏低，再加上棚的跨度过大，中间又没有加支撑柱，导致发生大棚垮塌事故。后来费了很大的劲，才将棚扶起来，加上支撑柱。这次垮塌事故造成铁皮石斛损失不小，这是基础工作不扎实造成的严重后果。

（3）排水透气层摆大石块的高度不得少于 20 厘米。一方面便于大雨时能迅速排出积水；另一方面则可避免铁皮石斛根系接触土壤。铁皮石斛根系一旦与土壤接触就会烂根，导致大面积死苗。

（4）栽培基质宜粗不宜细。尤其不能用锯木屑或细木片代替松树皮。锯木屑或细木片有两个致命弱点。一是这种基质易板结，不透气，导致铁皮石斛根被迫向上生长，而下部根系因板结而腐烂。二是基质容易腐烂发酵产生高温而烧死苗，并且容易产生杂菌，菌丝密密麻麻布满种植床面，导致更加不透气，也不透水，活活将苗"困死"。

四、原生态栽培模式的栽培效果

1. 接地气的神奇效果

石块摆放在地面上（包括旱土、稻田、荒地），土壤中的水分通过毛细管的作用上升到地表的大石块和栽培基质中，使石块、基质保持潮润状态，并且上、下层湿度均匀一致。这是铁皮石斛生长最理想的状态，现代化喷灌设施都难达到这种理想状态。例如，夏天气温高达 32℃以上，连续干旱 6～7 天，白天基质表层因干燥而呈灰白色，深达 1～2 厘米，但过夜后的早晨，地表又恢复到潮润状态。在连续干旱 10 天的情况下，也不用抗旱（指稻田土上作床）；期间如果下一次阵雨，就可以两个星期不用抗旱。2013 年茶亭子铁皮石斛基地于 7 月 1 日至 12 日，32℃以上的高温连续干旱 12 天，仅抗过一次旱；2014 年雨水较充沛，全年都没有抗过旱。

这种模式对付连绵阴雨，也有不错的效果。2014 年从 3 月 1 日起至 9 月 21 日止，共 205 天，这是崀山铁皮石斛生长的盛期。其中晴天和阴天有 101 天、占 49.3%，雨天和阵雨天 104 天、占 50.7%。按常理，雨天多、湿度大、病害多，防病害的药就用得多。但茶亭村基地 63 个大棚（包括陈孝柏 4 个棚），150 多亩面积，近 600 万株苗，仅在越冬后防病喷过 3 次高效低毒无残留的农药 3 次。其他时间未打药，也未施化肥，一年生与二至三年生崀山铁皮石斛均生长正常。这就是原生态栽培模式的魅力所在！

2. 原生态栽培模式的丰产性能

原生态栽培模式的崀山铁皮石斛表现出优质并且丰产的能力（图 2-4-1～图 2-4-6）。根据陈淼、罗斯丽基地 2 号棚测算如下：面积 16 平方米，于 2012 年 7 月 15 日栽培，2014 年 12 月 15 日采收；历时 884 天，产鲜条 5 千克，平均每平方米 312.5 克，折合亩产 125 千克（以每亩净床面积 400 平方米计算）。采收时每株只采全部茎的 1/3，2/3 保留作为母本，以便来年萌发新茎，达到连年稳产的目的。如果全部采收商品植株茎，则每平方米可达 936 克，亩产可达 374.4 千克。事实上，2 号棚铁皮石斛在种苗、栽培时间以及生长过程中都不是理想的状态。该大棚所种植的种苗是 2012 年 7 月 15 日从广州市中国科学院华南植物园运来的，车上历时 20 多小时，到新宁时种苗已发热烫手，掉了很多叶，对成活率及生长影响很大。新宁县的铁皮石斛一般是从 3 月开始萌芽生长，而这批苗是 7 月中旬才种植完毕，生长期减少 4 个半月。这批种苗种植后 3 个月的脆弱危险期都是在夏天高温期度过的。8 月下旬发生了严重的黏菌危害，是罗斯丽用毛笔小心将植株上的黏菌全部刷光，才使幼苗成活下来。可以认为，这批苗的实际生长时间只有 2013 年和 2014 年两年的时间。此外，由于当时缺苗，只能稀疏种植，2 号棚基本苗每平方米不足 200 株。而一般的瓶苗栽植，每平方米要栽 250～300 株基本苗，3 年后每平方米才可能有 200～300 株商品植株。

理想状态下，铁皮石斛瓶苗初植密度每平方米栽 300 株，3 年后每平方米可能达到 400 株左右的商品植株。拟采 1/3，即可产 133 株 / 平方米，每株重以 5 克计算（带叶鲜重），则每平方米产 665 克，折合亩产 266 千克（以 400平方米有效床面积计算）。若采 40%，即每平方米采 160 株，每株 5 克计算，每平方米可产 800 克，亩产可达 320 千克。同时，保留 60% 的植株作为母株即 240 株，以 70% 萌发新植株计算，则每平方米可萌发新植株 168 株，次年又可采同等数量的商品。以此类推，可以做到持续优质稳产高产。

图 2-4-1 原生态栽培模式的崀山铁皮石斛种植后一年的场景

图 2-4-2 原生态栽培模式的崀山铁皮石斛种植后 2 年的生长情况

图 2-4-3 原生态栽培模式的崀山铁皮石斛种植后 3 年左右的场景

图 2-4-4 原生态栽培模式的崀山铁皮石斛瓶苗种植后的场景

图 2-4-5 原生态栽培模式的崀山铁皮石斛丰收场景

图 2-4-6 原生态栽培模式的崀山铁皮石斛开花场景

第三篇

崀山
铁皮石斛

一、崀山铁皮石斛特征

（一）野生种群分布的地理和生态环境

崀山铁皮石斛野生种群分布于独特的地理和生态环境中——世界自然遗产地崀山。崀山位于中国湖南省西南的邵阳市新宁县境内，南接桂林，北邻张家界，总面积 108 平方千米，为中国最典型、最优美的丹霞地貌，享有"丹霞之魂"的盛誉（图 3-1-1～图 3-1-3）。处于北纬 26° 15′ 18″～26° 25′ 07″；东经 110° 43′ 42″～110° 50′ 07″。该区域长 18.1 千米，宽 0.7～8.8 千米，平均宽 6 千米，是中国面积最大的丹霞地貌之一。

崀山丹霞地貌是在最新的地质时期内，由一系列地壳运动及气候环境发生变化的背景下，形成的一种特殊的生态环境变迁的标志性地貌；它是地球演变

图 3-1-1 崀山丹霞地貌景观

图3-1-2 崀山丹霞地貌景观

图 3-1-3　崀山丹霞地貌景观

历史主要阶段的杰出范例和重要的地貌形态和自然地理特征。崀山的丹霞地貌从青年期、壮年期、老年期等各个地质发育时期都有，其地貌的特征可归纳为"雄、奇、险、秀、幽、旷、野"。它的造型、色彩和气质达到最佳组合境界，衬托出丹霞地貌独有的绮丽清婉和雍容华贵。

崀山属亚热带湿润季风气候区。年平均温度 17℃，年平均日照 1382 小时，年平均降水量 1350 毫米，年平均相对湿度 82%，无霜期 287 天，极端最高温 37.2℃，极端最低温 -6.8℃，具有南方典型山地气候特点。

崀山位于华南、华中及滇黔桂三大植物区系的交汇过渡地带，是生态系统及物种多样性的典型地区。有野生维管束植物 186 科 690 属 1465 种，大型真菌 19 科 41 属 150 种，其中列入《中国物种红色名录》的有 88 种；列入《世界自然保护联盟（IUCN）濒危物种红色名录》的有 71 种；列入《濒危野生动植物种国际贸易公约》（CITES）附录中保护的有 41 种；列入《中国国家重点保护野生植物名录（第一批）》的 26 种，其中 I 级 3 种。该区植被覆盖率 85%。近年在崀山发现的植物新种 4 个，即毛茛科毛茛属的新宁毛茛 Ranunculus xinningensis W. T. Wang；苦苣苔科唇柱苣苔属崀山唇柱苣苔 Chirita langshanica W. T. Wang；菊科合耳菊属崀山合耳菊 Synotis lanshanensis Y. L. Chen；荨麻科楼梯草属罗氏楼梯草 Elatostema luoi W. T. Wang。

崀山铁皮石斛是崀山丹霞石壁上的珍稀物种，经过千百万年自然进化演替，繁衍至今，非常神奇珍贵。

（二）崀山铁皮石斛野生种群生物学特征

1．分布范围

崀山铁皮石斛野生种群分布范围十分狭窄，仅见于崀山丹霞岩石的悬崖绝壁上，邻近广西桂林市资源县梅溪乡的丹霞岩石上也有分布。同时，崀山铁皮石斛仅生长在丹霞岩石表面，崀山范围内的树干上和石灰岩壁上均未见生长。崀山辣椒峰过去是无人涉足的处于原始状态的森林。2002 年 9 月法国"蜘蛛人"阿兰·罗伯特攀登辣椒峰时，为便于接他下山，在后山凌空架了一座木制便桥。本书作者之一罗仲春于 2002 年 8 月 22 日会同胡作喜、江庆宁踏过便桥，登上绝顶原始林内进行植物考察，未发现峰顶的树上有铁皮石斛生长。2007 至 2008 年，罗仲春会同刘小宁沿湘桂边界 15 千米的深山密林多次考察，均未见树上有崀山铁皮石斛附生生长，但这一带的丹霞石壁上却是崀山铁皮石斛野生种群密集生长区域。

尽管崀山历史上就有专门从事采集野生铁皮石斛的家族，但从植物分类学角度首次确认铁皮石斛这个物种却迟至 1997 年 6 月上旬。中国科学院植物研究所研究员罗毅波博士在当地村民黄明田、刘叙勇的帮助下，在骆驼峰朝东向对面丹霞石壁上拍到第一张开花的崀山铁皮石斛照片（图 3-1-4）。后经多位专家鉴定为铁皮石斛。从此，新宁便有了自己的仙草——崀山铁皮石斛。而此前，当地百姓一直叫黄草（罗河石斛）（图 3-1-5）、吊兰（铁皮石斛）（图 3-1-6）、鸡爪兰（重唇石斛）（图 3-1-7），而不知道铁皮石斛这个名称。同时，浙江温州人每隔 3～5 年来崀山石田一带采集一次"吊兰"，很神秘，从不张扬。

罗毅波博士根据鉴定结果，决定对崀山铁皮石斛做深入的研究，委托黄明田、刘叙勇等人对崀山铁皮石斛野生种群自然生长状况进行长达 3 年的野外实

图3-1-4　岜山骆驼峰野生铁皮石斛　　图3-1-5　野生罗河石斛植株

图3-1-6　野生铁皮石斛植株　　图3-1-7　重唇石斛植株

地观察。这次野外观测共选取 6 个自然生长点，都是岜山铁皮石斛分布较多的地方，共观测 73 丛野生植株。观测时间自 1999 年至 2001 年，历时 3 年，每年 6 月份开花季节作一次观测。每次观测都要攀爬悬崖，观测一个自然生长地点植株需要 4 个人协作完成，3 人放绳索攀悬崖观测作业，1 人在下边作记录。每次需 3 天才能完成 6 个生长点的观测。

2．形态特征

从表 3-1-1 中可以看出，岜山铁皮石斛野生种群有如下形态特点：

73 丛野生植株，植株矮小，多数高仅 2～5 厘米，最高 17 厘米，生长最好的为八角寨象鼻石第 14 丛，共有 11 条茎，平均高为 13 厘米；

开花茎较少，仅见 126 条茎开花，占 71 丛 590 条茎的 21.4%；

自然授粉成功率极低，3 年共观测到开花 224 朵，但未见到一个果实；

新茎萌发比较正常，观测到新萌发茎 223 条占总数 590 条的 37.8%；新茎萌发最好的是八角寨象鼻石第 7 丛，共 25 条茎，其中新萌发的茎 11 条，占总数的 44%；

植株茎粗壮，直径为 5～6 毫米，少数达 8 毫米，均为紫红色；

植株生长的海拔在 400～600 米范围内，以海拔 500 米为最多。

表 3-1-1　1999—2001 年崀山铁皮石斛野生种群观测结果

观测地点	丛数	株数	平均高（厘米）	最高株高（厘米）	茎粗（毫米）	开花植株数	开花朵数	结果数	新生植株数
石田桐子塆	8	54	2.9	17	5	5	14	0	15
石田林家寨	11	98	2.5	4	6	25	45	0	48
紫霞峒	4	30	4.1	8	6	2	5	0	8
石田宋家冲	7	47	4.9	11	6	11	41	0	29
八角寨电棚里	20	112	2.3	3	5	22	23	0	48
八角寨象鼻石	23	249	6.7	13	6	61	116	0	75
小　计	73	590				126	224	0	223

3. 开花物候特征

2013 年 6 月 18 日作者与新宁县林业局科技推广站站长邓小祥在崀山范围内海拔 500 米处，对一块野生崀山铁皮石斛分布较密集的种群进行了调查。该种群生长地点属典型的丹霞地貌石壁，坡向西北，坡度 80°～90°。在 20 平方米的范围内共分布 20 丛 86 株崀山铁皮石斛，平均株高 1.6 厘米，最高 3 厘米，多数为 1～2 厘米，茎粗 3～4 毫米。在 86 株植株中，有叶有花的 8 株，占 9.3%；无叶有花的 20 株，占 23.3%；有叶无花的 20 株，占 23.3%；无叶无花的 38 株，占 44%。崀山铁皮石斛野生植株，有叶的植株与无叶的植株均能开花，这一点与一些文献中记载野生铁皮石斛的花只开在无叶的植株上不同。

根据崀山石田村采集野生铁皮石斛经验丰富的刘叙勇介绍，崀山铁皮石斛为夏至开花，立冬果熟。即每年的 6 月下旬至 7 月上旬开花，10 月下旬至 11 月上旬果熟。我们观察记录了 5 年崀山野生铁皮石斛花期与果期物候特征（见表 3-1-2）。花期与果熟期受当年气候影响较大，2013 年气温较高，花期提前至 6 月 5 日；2014 年阴、雨天多，果熟期延迟到 10 月 22 日，比平常年推迟 20 天。

表 3-1-2　2010—2014 年崀山铁皮石斛野生种群花期、果期情况

时 间	始花期	盛花期	末花期	果熟期
2010 年	6 月 15 日	6 月 25 日～7 月 1 日	7 月 15 日	10 月 17 日
2011 年	6 月 18 日	6 月 22 日～6 月 25 日	6 月 29 日	10 月 12 日
2012 年	6 月 15 日	6 月 25 日～6 月 29 日	7 月 2 日	10 月 9 日
2013 年	6 月 5 日	6 月 16 日～6 月 19 日	6 月 25 日	9 月 30 日
2014 年	6 月 10 日	6 月 19 日～6 月 24 日	6 月 27 日	10 月 22 日

4．生长和抗逆性特征

崀山铁皮石斛特别喜欢石头，喜欢清新的空气，正是"仙草"喜爱"仙境"的具体表现。作为一种附生兰科植物，通过自然进化和适应，崀山铁皮石斛练就了一身抗高温干旱的本领。崀山地区在夏天中午气温高可达 33℃ 以上，丹霞石壁表面的温度更是高达 50～60℃ 或更高，但崀山铁皮石斛却能在石壁表面正常生长，生生不息，繁衍至今。也许正是具有这种神奇的本领，才有很高的药用价值。崀山铁皮石斛的生长和抗逆性特征给我们一个重要提示，即崀山铁皮石斛原生态栽培，必须迎合它喜石、喜气的特性。

崀山铁皮石斛除抗高温干旱外，还表现出抗极端低温的特征。2007 年冬至2008 年春是我国南方历史上罕见的大冰冻年，成片树木倒伏，雪灾十分严重。崀山铁皮石斛野生种群在经历这种极端气候后生存状况如何？作者请刘叙勇等同志于 2009 年 4 月 15 日在湘桂交界的黄沙江一带的丹霞石壁上调查野生崀山铁皮石斛生长状况。共调查 5 丛 27 株，其中 2008 年新生植株 10 株，占植株总数的 37%；与表 3-1-1 中的新生植株情况相同。而且，这些植株生长较好，平均高 4.85 厘米，最高 14 厘米，平均每株保存叶片 4.5 片，最多 1 株保存叶片 9 片。老植株17 株，全部无叶，平均高 5.3 厘米，最高 10 厘米，茎粗 5～8 毫米，茎秆紫红色，生机勃勃，很有活力，表现出较强的抗寒能力（图3-1-8）。

图 3-1-8　野生崀山铁皮石斛植株，示老茎无叶状况

（三） 崀山铁皮石斛在人工和原生态栽培条件下的生物学特性

崀山铁皮石斛在人工环境和原生态栽培条件下，分别表现出一系列独特的
生物学特性。

1．试管苗形态特征

叶片颜色浓绿色，植株矮胖。
高 3 厘米以上的苗不多，但只要有
叶、茎粗 2 毫米以上、具根 2 条，
哪怕高仅有 1.5 厘米的苗都能栽活
（图 3-1-9，图 3-1-10）。崀山铁
皮石斛试管苗生长较慢，培育时
间较长，详见表 3-1-3 和表 3-1-4。

图 3-1-9 崀山铁皮石斛试管苗

图 3-1-10 崀山铁皮石斛试管苗手绘图

表 3-1-3 安徽省六安市西山生物科技有限公司供给湖南省新宁县黄龙镇茶亭村金崀铁皮石斛种植合作社崀山铁皮石斛苗木质量（第 3～6 批）

批次	来苗时间	株数（万株）	株高 3 厘米以上占总数百分比（%）	株高 2~2.9 厘米占总数百分比（%）	株高 1.5~1.9 厘米占总数百分比（%）	株高 1.5 厘米以下占总数百分比（%）
3	2013 年 9 月 26 日	43.3	20	47	27	6
4	2013 年 9 月 29 日	33.2	15	29.4	35.6	20
5	2013 年 10 月 16 日	34.8	33.3	40	18	8.7
6	2013 年 10 月 29 日	49	4	40	36	20

表 3-1-4 安徽省六安市西山生物科技有限公司供给湖南省新宁县黄龙镇茶亭村金崀铁皮石斛种植合作社崀山铁皮石斛苗木质量（第 9～11 批）

批次	来苗时间	株数（万株）	平均株高（厘米）	平均茎粗（毫米）	平均根数	平均叶片数
9	2014 年 3 月 23 日	38.6	2.89	2	2	6
10	2014 年 3 月 30 日	35.4	3.18	2	1.44	6.47
11	2014 年 4 月 3 日	43.4	2.97	2.3	4.49	4.8

2．生长特性

试管苗出瓶到栽植好后，要经历一个约 60 天的脆弱危险过渡期。在此期间要严格控水，栽培基质要保持潮润状态。然后经历一个约 30 天的蹲苗期，此期间植株高生长极慢，根系慢慢恢复生长。过了此阶段后，就进入正常生长状态（图 3-1-11）。

图 3-1-11　崀山铁皮石斛一年驯化苗

在原生态栽培条件下，正常生长期为 4 月至 10 月，共 7 个月约 214 天，其中速生期在 5 月至 9 月，约 153 天。休眠期 11 月至次年 3 月，5 个月约 150 天。在原生态栽培条件下，崀山铁皮石斛植株生长速度有大幅度提高，而且有随着栽培年龄增加生长速度加快的趋势。如表 3-1-5 所示，栽培 780 天的植株比栽培 484 天的植株平均高增加 7.22 厘米，平均单株重增加 2.1 克；而栽培 964 天的又比栽培 780 天的平均高增加 5.23 厘米，平均单株重增加 3.35 克。

根据 2013 年 5 月 5 日调查，47 株老植株萌发新植株 42 株，占老植株的 89.4%，且有的还在萌发。在甘冲陈孝柏的 1 号大棚调查 10 丛 45 株老植株，萌发新植株 73 株，为老植株的 1.62 倍。2 号大棚调查 10 丛 35 株老植株，萌发新植株 35 株，新老植株数相等。通过近 5 年的栽培实践，总结出萌发新植株的关键：第一要有足够健壮的老植株；第二，越冬保留叶片越多，来年萌发新植株也越多。新植株萌发的数量，预示着产量的高低。显然在原生态栽培条件下，新植株萌发率比在野生状况下好（新植株萌发率仅为 37%）。

表 3-1-5　原生态栽培条件下崀山铁皮石斛生长状况

栽植时间	采样时间	植株生长天数	采样株数	平均株高（厘米）	最高株高（厘米）	最矮株高（厘米）	平均单株重量（克）	最重单株重量（克）	最轻单株重量（克）
2011 年6 月 28 日	2012 年11 月 25 日	484	95	8.21	14.65	6.36	2.24	5.50	1.14
2011 年10 月 11 日	2013 年12 月 12 日	780	464	15.43	24.10	11.40	4.34	10.00	4.00
2012 年4 月 9 日	2014 年11 月 29 日	964	125	20.66	24.00	16.70	7.69	9.34	5.84

3．开花物候特性

原生态栽培基地设在新宁县黄龙镇茶亭村甘冲海拔 580 米处的天然阔叶林山脚的山谷中，生境条件优越。始花期与盛花期比野生种群迟 5～10 天，末花期迟 16～18 天；果熟期迟 17～30 天，甚至到次年 1 月底还有果未开裂（表 3-1-6）。这可能是由于原生态栽培种群比野生种群生长条件优越得多的缘故。原生态栽培种群另一个特点是：有叶片的植株与无叶片的植株都开花（图 3-1-12）。而且，有叶片植株开花多而茂盛，结的果大而饱满。

图 3-1-12　崀山铁皮石斛带叶植株开花茂盛状况

图 3-1-13　崀山铁皮石斛花序着生部位特写

表 3-1-6　2013—2014 年崀山铁皮石斛原生态栽培种群花期、果期情况

时　间	始花期	盛花期	末花期	果熟期	备　注
2013 年	6 月 16 日	6 月 23～30 日	7 月 13 日	9 月 30 日～10 月 10 日	
2014 年	6 月 15 日	6 月 23～7 月 5 日	7 月 13 日	11 月 8 日～11 月 19 日	12 月至次年 1 月还有果，果未裂。

4．开花花序特征

崀山铁皮石斛花序着生部位很特殊，它的花序不是着生在叶片基部叶腋中，而是与叶片基部对生。对人工栽培的崀山铁皮石斛有叶植株 112 株进行调查，结果显示 339 个花序全部与叶片基部对生（表 3-1-7）。而且还观察到崀山铁皮石斛野生植株（后经 8 年人工培育）花序着生部位，也是与叶片基部对生（图 3-1-13）。落叶植株的花序着生于茎上部节上，因叶已落，未留叶痕，无法判断是否与叶对生。

表 3-1-7 崀山铁皮石斛花序不同着生部位的花序数

	与第1片叶对生	与第2片叶对生	与第3片叶对生	与第4片叶对生	与第5片叶对生	与第6片叶对生	与第7片叶对生	与第8片叶对生
1	12	9	8	2	1	1	0	0
2	10	8	7	7	3	2	0	0
3	12	6	10	5	5	1	0	1
4	13	8	4	9	8	1	1	1
5	11	7	9	8	6	1	1	0
6	11	7	8	8	4	0	0	0
7	11	8	10	14	2	2	0	0
8	7	11	13	10	6	1	1	0
小计	87	64	69	63	35	9	10	2
合计	339							

说明：共 8 组，每组为 14 株总共 112 株，总计 339 个花序，平均每株有花序 3.03 个。其中 1~4 片叶生长花序最多，达 283 个，占总花序数的 83.5%。连续有 3~4 片叶，并与基部对生的节上着生花序的有 33 株，占 112 株的 29.5%。叶对生是指总状花序与叶片基部对生。

5. 植株形态特征

原生态栽培条件下，崀山铁皮石斛 5 月份长出新植株的茎、叶均是紫红色的（图 3-1-14），直到 8 月，植株高达 10 厘米以上时叶片开始变为淡紫红色，一直保持到 10 月下旬；11 月气温下降有霜冻时，叶片逐渐变为深绿色，叶片厚可达 0.8 毫米。整个植株的叶片可保持 2~3 年不全落，但保留的叶片逐年减少，至第 3 年仅顶部保留 3~5 片叶不落；第 4 年叶片全部落光。叶为长椭圆状，实测 30 片叶，平均长 3.7 厘米，宽 1.18 厘米，长是宽的 3.14 倍。叶片在 11 月至次年 2 月味很甜，按老百姓说法是"甜蜜了"；而在其他时间均为微甜，但不苦，6~8 月叶微酸。用鲜叶 215 克，经杀青、烘干为 42 克，干叶重量为鲜叶的 19.53%。

图 3-1-14 崀山铁皮石斛典型红紫色茎、叶，嫩叶紫红色

图 3-1-16 崀山铁皮石斛
近 3 年生植株状况

图 3-1-15 崀山铁皮石斛二年生植株黑节明显

崀山铁皮石斛茎秆深红褐色，叶鞘有紫色斑点，二年生以上植株叶鞘为铁灰色，叶鞘长不超过节；黑节十分明显，黑色圈宽约 0.5 厘米（图 3-1-15，图 3-1-16）。茎横切面绿色，纵剖面绿色细腻，内含物丰富、充实；嚼之黏牙，微甜，渣少。经多次试验，估测含渣量为 10%～12%；而且鲜茎煎煮时间越长（2 小时以上），黏糯性越强，口感好。四年生以上的老茎，含渣量增多，达 25% 左右。

在野生条件下崀山铁皮石斛植株越冬后，叶片仍然为暗紫色，而在栽培条件下植株越冬后叶片为深绿色。不同的栽培地点，叶的味道有差异。崀山楠木水栽培的崀山铁皮石斛叶片呈酸味（冬季）；而茶亭村甘冲产的崀山铁皮石斛叶片呈甜味，天气越冷，甜味越浓。这两个栽培地点的栽培条件基本都相同，如栽培模式、海拔高度、种源、试管苗培育单位。不同点仅是，楠木水用的排水透气层的大石块为黄色页岩，而茶亭村甘冲用的排水透气层石块为蓝黑色板岩。两个地点叶片味道差异是否直接与所使用的石块相关？其中的奥秘有待进一步的研究。除叶片味道不同外，两个栽培地点所产植株茎的含渣量也略有不同，楠木水植株的含渣量为 14%，茶亭村甘冲的含渣量为 10%～12%。最新试验表明，茶亭村甘冲陈孝柏处的崀山铁皮石斛叶片有段时间也是酸味，酸味起于 5 月下旬，止于 7 月下旬，历时约 60 天；甜味很浓时间起于 11 月上旬，止于 4 月上旬，历时 160 天。其他时间为过度期，甜、酸味均不明显。

6．植株根系生长特性

2013年5月5日调查10丛47株岚山铁皮石斛根系生长情况。该10丛植株于2011年10月11日栽植，至2013年5月5日生长时间为562天，平均高2.11厘米，茎粗4~5毫米。调查结果显示，植株整体根系发达，47个植株有根132条，平均每株有根2.81条，而且根的长度大大超过地上部分植株高度（图3-1-17，图3-1-18）。如第1丛最高植株8厘米，根长达15厘米，约地上部分的2倍；第3丛，苗高仅3厘米，根长达9厘米，是地上部分的3倍；第8丛地上部分仅2厘米，而最长根11厘米，是地上部分的5.5倍。我们认为，发达的根系可为高质高产打下坚实的基础。

图3-1-17 铁皮石斛根牢牢贴紧栽培基质

图3-1-18 栽植床侧面示意图，示铁皮石斛根系生长状况

7．植株的汤色特性

汤色特性的检测方法：取铁皮石斛10克，剪成0.5厘米长的小段，置电炖锅内，放400毫升已煮沸的清水，煎煮1小时以上，观察汤色变化并拍照片（图3-1-19，图3-1-20）。每月初对岚山铁皮石斛试验1次。具体结果见表3-1-8。

从已开展的汤色试验结果来看，不同品种的汤色变化较大，但仍可总结出下列几点初步规律。

从品种上看，广南铁皮石斛的汤不变蓝紫色，始终保持淡黄色或清亮无色。云南铁皮石斛（限李焕军种植的植株）的汤色与大别山铁皮石斛汤色接近岚山铁皮石斛，但色较浅。岚山铁皮石斛茎、叶煮汤都呈紫罗兰色。

从时间上看，11~12月呈紫罗兰色，且颜色较深。从何时开始变色，有待继续试验。

图 3-1-19　岚山铁皮石斛与其他品种汤色检测情况

A. 大别山铁皮石斛，B. 广南铁皮石斛（茶亭甘冲陈孝柏处），C. 云南铁皮石斛，D. 岚山铁皮石斛（2015.1.18），E. 岚山铁皮石斛（2014.11.14），F. 岚山铁皮石斛（2014.12.30）

将10克铁皮石斛剪成0.5厘米长的小段置于电炖锅内，加400毫升煮沸的清水

煎煮1小时以上

观察汤色变化

图 3-1-20　铁皮石斛汤色特性的检测方法

表 3-1-8 崀山铁皮石斛与其他品种汤色检测情况

品种	栽培地点	试验时间	试验前 10 天 14 点气温变化幅度	汤色	备注
崀山铁皮石斛野生种	石田何烈熙处	2014.11.3	16~26℃	紫罗兰	色深
崀山铁皮石斛栽培种	茶亭甘冲陈孝柏处	2014.11.14	13.5~19℃	紫罗兰	色浓，与鸡蛋同煮鸡蛋变蓝色
崀山铁皮石斛栽培种叶片	茶亭甘冲陈孝柏处	2014.11.15	13.5~19℃	紫罗兰	用纯叶片煮汤
广南铁皮石斛	茶亭甘冲陈孝柏处	2014.11.16	13.5~19℃	淡黄	无紫蓝色
云南铁皮石斛	李焕军处	2014.11.17	13.5~19℃	紫罗兰	色较浅
大别山铁皮石斛	新宁县林科所	2014.11.19	12.5~16℃	紫罗兰	茎含渣 25%
大别山铁皮石斛叶	新宁县林科所	2014.11.19	12.5~16℃	淡黄	
崀山铁皮石斛	崀山楠木水蒋达财处	2014.11.22	12.5~16℃	紫罗兰	
崀山铁皮石斛叶	崀山楠木水蒋达财处	2014.11.22	12.5~16℃	淡蓝色	味微酸
大别山铁皮石斛	崀霞湘斛生物科技有限公司白洋坪基地	2014.12.1	12.5~20℃	紫罗兰	无叶片试验
广南铁皮石斛	茶亭甘冲陈孝柏处	2014.12.1	12.5~20℃	无色	无叶片试验
崀山铁皮石斛	茶亭甘冲陈孝柏处	2014.12.29	7.5~12℃	淡蓝紫色	无叶片试验
崀山铁皮石斛	茶亭甘冲陈孝柏处	2015.1.18	9.5~12℃	清亮无蓝色	无叶片试验
崀山铁皮石斛	茶亭甘冲陈孝柏处	2015.2.8	3~10℃	橙黄色	带叶同煮
广南铁皮石斛	茶亭甘冲陈孝柏处	2015.2.9	3~12℃	无色	叶味淡酸
崀山铁皮石斛	茶亭甘冲陈孝柏处	2015.2.21	13.5~20℃	紫红色	无叶片试验
云南铁皮石斛	李焕军处	2015.2.25	11.5~20.5℃	淡黄略带紫蓝色	无叶片试验
崀山铁皮石斛	茶亭甘冲陈孝柏处	2015.4.3	14.5~30.5℃	淡紫色	带叶片试验
云南铁皮石斛	李总苗何烈熙处	2015.5.1	15~28℃	淡蓝色	带叶片试验
崀山铁皮石斛	茶亭甘冲陈孝柏处	2015.5.2	15~28℃	紫红色（中等）	带叶片试验
崀山铁皮石斛	茶亭甘冲陈孝柏处	2015.6.1	21~34.5℃	紫罗蓝色	带叶试验叶微酸
崀山铁皮石斛	茶亭甘冲陈孝柏处	2015.7.1	28~34.5℃	浅橙黄色	叶微酸
崀山铁皮石斛	茶亭甘冲陈孝柏处		26~33℃	深紫罗兰色	带叶试验叶无酸味

从气温变化来看，以气温为 10～20℃时采集的茎汤色较深，气温低于 10℃ 或高于 30℃，汤色反而变淡。这种颜色变化的原因有待深入研究。

8．生长习性特性

野外情况下，崀山铁皮石斛种群难以靠近，无法观察植株的生长习性，而在原生态栽培条件下，则可以方便地进行观测记载。在原生态栽培大棚内，崀山铁皮石斛的生长持续到 10 月下旬或 11 月上旬便封顶停止高生长，并且该茎在次年不再有高生长。从这一点看，崀山铁皮石斛的生长习性与竹子有些类似，当年植株生长状况决定次年新植株的生长状况。但第二年从上年度植株茎的第一个或第二个节上萌发出新植株，待新植株长到 1 厘米以上时，便可生长出白色新根，然后新的植株则可独立生长（图 3-1-21）。第二年萌发的新植株往往比第一年高（图 3-1-22），第三年的则又比第二年的高，但第四年萌发的新植株则与第三年基本相似。如果在第三年采收植株过度，母株留得太少，则次年新长出的植株不仅数目少而且矮小，需培育 2～3 年才能慢慢恢复。要达到持续高产、稳产，就必须留足 50%～60% 母株，才能有足够的健壮的新植株生长。

图 3-1-21　崀山铁皮石斛新芽萌发位置

图 3-1-22　崀山铁皮石斛第二年植株较第一年植株高的状况

二、崀山铁皮石斛形态变异式样及优良品种选育

崀山铁皮石斛表型和遗传多样性非常丰富。通过几年观察，发现如下表型变异式样。

（一） 叶和茎的变异

1. 四季红匍地型

其特点是嫩芽、嫩叶、老叶、茎都是紫红色的，越冬也不变色。株型矮胖，萌发力强，稳产性好，口感特好。耐寒、抗病力强。匍地型似丹霞石壁野生性状（图3-2-1，图3-2-2）。

2. 天青地红匍地型

其特点是芽、嫩叶至11月上旬为紫红色；11月底气温逐渐变冷，叶表面变为绿色，叶背仍为紫红色。茎秆一直保持紫红色。株型矮胖，口感特好，抗寒力强，丰产性能一般。有少部分植株上、下叶片为紫红色（图3-2-3）。

3. 冬绿茎红直立型

其特点是嫩叶初为紫红色，入夏生长高峰期为淡紫红色。入冬叶变为深绿色，但茎始终保持紫红色。茎直立，丰产性能好，是目前的主流产品（图3-2-4，图3-2-5）。

4. 叶绿茎青直立型

其特点是嫩芽、嫩叶淡紫红色。入夏后，叶片变绿色，入冬为深绿色；茎为黄绿色，水润光泽度很好，直立型，丰产性能好，口感好（图3-2-6）。

5. 宽叶型

其特点是叶卵圆形，长是宽的2.2～2.4倍。一般崀山铁皮石斛叶长3.7厘米，宽1.18厘米；而宽叶型叶长约5.6厘米，叶宽约2.5厘米，比一般叶长了1.9厘米，叶宽了1.32厘米，明显大了许多（图3-2-7～图3-2-9）。茎粗壮，

花多，果多。茎粗0.6～0.8厘米，茎长17～23.5厘米，1株最多结果8个（人工授粉）。栽培8年的野生宽叶植株于2015年6月10日开5个花序，12朵花。野生崀山铁皮石斛原种中，发现3株宽叶种。潜在的丰产性能及药效，需进一步试验研究。

图3-2-1 四季红茎地型崀山铁皮石斛

图3-2-2 四季红茎地型崀山铁皮石斛

图 3-2-3　天青地红匍
地型岚山铁皮石斛

图 3-2-4　冬绿茎红直
立型岚山铁皮石斛

图 3-2-5　冬绿茎红直
立型岚山铁皮石斛

图 3-2-6 叶绿茎青直立型崀山
铁皮石斛

图 3-2-7 宽叶型崀山铁皮石斛

图 3-2-8 宽叶型崀山铁皮石斛

图 3-2-9 宽叶型崀山铁皮石斛

（二） 花色、紫斑的变异

铁皮石斛花色、紫斑变异主要有以下几种，见图 3-2-10.

（1） 花萼、花瓣黄绿色，唇瓣紫斑深红色，大块。

（2） 花萼、花瓣黄色，唇瓣紫斑深紫红色，大块。

（3）花萼、花瓣黄色，唇瓣紫斑缺刻状，底部及两侧紫斑明显。

（4）花萼、花瓣淡黄白色，唇瓣紫斑欠明显。

（5）花萼、花瓣先端淡红色，唇瓣紫斑欠明显。

图3-2-10 崀山铁皮石斛花色、紫斑的变异

（三） 季节性形态和味觉变化

　　崀山铁皮石斛在不同生长季节也表现出丰富的形态变化，同时伴随着口感和味道方面的变化，特别是在三至四年生的植株中表现最为明显。

　　自11月开始，崀山铁皮石斛从生长季开始转向休眠季，尽管植株形态上没有明显变化，但口感和味觉方面有些改变。例如，此时植株的含水量较高，味微甜，黏液不浓，感到有点稀，化渣性较好，叶片味淡或微酸。

　　12月至次年2月为崀山铁皮石斛的休眠季（图3-2-11），植株形态最明显的变化表现为"瘦身"（图3-2-12），茎粗由0.5厘米瘦身到0.4～0.35厘米，体重减轻30%～40%；同时由于茎内水分大减，茎甜度增高，黏液增浓，明显感到糯性增加。此段时间内，植株的叶片也表现为甜味。

　　3～4月为植株恢复生长的生长季，该时期内，植株的茎似乎又恢复到上一年10月的状态，茎胖胖的，水灵灵的，因此又可称为"长胖期"（图3-2-13，图3-2-14）。更重要的是，此时植株的口感最好，糯性强，黏液汁浓，甜度增

图3-2-11　崀山铁皮石斛休眠季植株状态

高，化渣性特好，牙好的人几乎能全部嚼烂服下。同时，叶片厚度增加，明显有甜味，而且有黏液，但比茎的黏液要少得多。

　　此外，崀山铁皮石斛新鲜植株的汤色在不同时期也有变化，3～4月汤的紫罗兰色较浓，汤色透明清亮；在5～10月生长期则紫罗兰色较淡；11月越冬前紫罗兰色较深。

　　尽管崀山铁皮石斛植株上叶片数量的变化在不同生长季节变化不大，但叶片数量在不同年龄阶段的植株上有明显的变化。具体表现为，一年生植株，高15～20厘米，具有叶片9～

12片，全部叶片保留，植株的萌芽能力强，90％的植株能萌芽，长出新的植株；二年生植株，茎基部叶大多数调落，仅顶梢保留3～5片叶，大约有70％的植株萌发新植株；三年生植株，叶片全部落完，光秆茎，仅有30％～40％能萌发新的植株，且长势较弱。

图3-2-12 崀山铁皮石斛休眠季植株状态

图3-2-13 崀山铁皮石斛生长季植株状态　　图3-2-14 崀山铁皮石斛生长季植株状态

三、崀山铁皮石斛人工授粉和结实

　　崀山铁皮石斛野生植株稀少，天然授粉成功率低，为扩大生产、满足市场和物种生态保护的需要，需进行人工授粉，获得足够的果实，进行工厂化人工育苗。作者团队自 2010 年开始人工授粉工作，至 2014 年共授粉 14091 朵花，获得果实 2454 个，成果率 17.4%（表 3-3-1，图 3-3-1～图 3-3-3）。尽管人工授粉成功率不高，但较自然授粉提高了很多倍，满足了生产需要。结合人工授粉，我们还开展优良品种的选育以及人工授粉技术的培训，培养出一批当地铁皮石斛专业"红娘"队伍（图 3-3-4，图 3-3-5）。同时，也探讨一些值得铁皮石斛产业界关注的共性问题。

表 3-3-1 2010—2014 年铁皮石斛人工授粉情况

授粉时间	授粉花朵数	成果数	成果率（%）
2010 年	1781	282	15.8
2011 年	371	46	12.4
2012 年	2021	668	33.1
2013 年	3017	370	12.3
2014 年	6901	1088	15.8
小计	14091	2454	17.4

图 3-3-1 崀山铁皮石斛人工授粉成功后果实开始发育情况

图 3-3-2 崀山铁皮石斛幼果生长情况

图 3-3-3　崀山铁皮石斛果实成熟情况

图 3-3-4　专注进行人工授粉场景

图 3-3-5　规模化人工授粉场景

　　2013 年和 2014 年给崀山铁皮石斛授粉时，发现花粉团缺失或发育不良者多，尤其在 1 号棚内的红秆植株中特别明显，授粉成功率仅 8% 左右。崀山铁皮石人工授粉的整体成功率较广西种源、云南种源的整体成功率要低 15%～20%。我们初步分析可能有以下两方面的原因。一是与崀山铁皮石斛这个品种的特性有关；另一个原因可能是由于 2013 年和 2014 年这 2 年是崀山铁皮石斛植株的试开花期，这些植株还没有达到性完全成熟时期。

　　通过几年的人工授粉工作，我们总结了人工授粉过程中需要注意的事项。具体如下：

（1）授粉时间以上午 9:00 至 12:00，下午 15:00 至 18:00 为好。

（2）用同株异花或异株的花进行授粉效果较好，座果率明显提高。

（3）花朵完全开放后 2～3 天授粉成功率较高，但在上千朵花同时开放的时期，很难区分不同开花时间的花朵，只能凭经验判断，这可能是影响授粉成功率的原因之一。

（4）授粉以晴天或阴天为佳，不要在雨天时开展。

（5）授过粉的花要去掉唇瓣，便于识别。

（6）不用来授粉的花朵，要在花刚展开时采摘，以免消耗植株的养分，采摘下来的花可置蒸锅内隔水蒸 3～5 分钟，烘干或晒干留作他用。

铁皮石斛的种子非常微小，常规条件下很难准确计数种子数目。我们没有开展果实内种子数目的计数工作，但据魏刚教授等的统计数据，每个发育正常成熟的铁皮石斛蒴果内有种子数目多于 18 万粒。其中约有半数发育不良，正常成熟的种子则有 9 万～10 万粒。

四、崀山铁皮石斛栽培植株生长生产情况的调查与分析

铁皮石斛作为一个物种具有广泛的地理分布范围，从而孕育了丰富的地方性品种。下面我们将从崀山铁皮石斛原生态种植模式栽培后一年和多年后植株萌发新植株的能力和生长情况进行调查和分析。

（一）调查案例一：崀山铁皮石斛栽培一年后情况

1．调查情况

调查时间：2015 年 5 月 13 日。

调查地点：新宁县黄龙镇茶亭村甘冲，海拔 580 米。

种植户：茶亭村金崀铁皮石斛种植合作社。

调查方法：在 28 号棚内调查 5 丛一年生崀山铁皮石斛植株，每丛分株测量植株高、茎粗、叶片数、萌发新植株数。

2．生长生产情况分析

（1）生长慢

所调查的大棚系瓶苗栽植，从 2014 年 3 月 23 日栽植至 2015 年 5 月 13 日调查，历时 415 天。崀山铁皮石斛第一年生长很慢，植株高 2.5～4.8 厘米的共 19 株，占总数 48 株的 40%；高 2 厘米以下的 29 株，占 60%，最矮的仅 0.5 厘米。

（2）植株形态矮胖

崀山铁皮石斛植株不高，但很粗壮，茎粗都有 0.5～0.7 厘米，个个都是"将军肚"（图 3-4-1，图 3-4-2）；哪怕高只有 0.5 厘米，茎粗也达 0.5 厘米，高和粗达到相等的程度。我们认为这种"矮胖"的体型，有利于积累大量营养物质，供新植株萌发生长。

图3-4-1 崀山铁皮石斛植株典型"将军肚"形态

图3-4-2 崀山铁皮石斛矮胖植株

表 3-4-1　崀山铁皮石斛栽培后一年植株萌发新植株情况表

丛号	总株数	有叶老植株		无叶老植株	
		株数	萌发新植株数	株数	萌发新植株数
1	10	7	7	3	2
2	6	5	4	1	0
3	6	4	4	2	0
4	10	8	6	2	1
5	16	16	13	0	0
小计	48	40	34	8	3

（3）萌发新植株情况

从表 3-4-1 可以看出，有叶老植株 40 株，萌发新植株 34 株，占总数 40 株的 85%，与三年生的有叶老植株的萌发情况（82.5%）相近似；无叶老植株 8 株，萌发新植株 3 株，占 8 株的 37.5%。有 6 株有两片叶但高仅 0.5～1 厘米的植株，但全部萌发了新芽；而有 4 株无叶的老植株高有 3～4 厘米，却未萌发新植株。因此，保护叶片越冬，对萌发新植株十分关键。

（4）展望分析

所调查的 5 丛苗共有新植株 37 株。假设当年年底 80% 新萌发植株可成长为株高 5 厘米以上的粗壮植株，那么 5 丛苗有 37×80%=29.6 株可以达到 5 厘米以上，平均每丛有 6 株。假设 2016 年生长情况与 2015 年相似，则依此类推，5 丛苗在 2015 年新萌发且生长在 5 厘米以上的 30 株萌发株，在 2016 年萌发的新植株且生长达到高 5 厘米以上的植株数则为 30×80% = 24 株。这样 2015 年和 2016 年两年 5 丛苗萌发的生长在 5 厘米以上的新植株有 54 株，平均每丛 10.8 株。2016 年年底进行采收，拟剪新萌发植株的 40% 作商品出售，即每丛剪 4 株，按每株 4 克计算，每丛产量为 16 克；每平方米按 50 丛计算为 50×16=800 克；每亩（以 400 平方米净床面积计算）为 320 千克。即 2016 年年底亩产商品 320 千克是完全可以实现的。

（二） 调查案例二：崀山铁皮石斛种植 3 年后情况

1．调查情况

调查地点：新宁县黄龙镇茶亭村甘冲。海拔 580 米。

种植户：陈孝柏。

栽植时间：2011 年 10 月 16 日起，跨 5 年，约 1671 天，实际生长时间约为 3 年。

调查方法：在 2 号棚与 4 号棚各调查 5 丛已剪取商品苗的植株，每丛分株测量株植高、茎粗、叶片数、萌发新植株数。

2．生长生产情况分析

（1）萌发新植株情况

2014 年 11 月 10 丛崀山铁皮石斛共有老植株 121 株（包括已经采剪的商品植株 38 株）。2015 年 5 月共萌发新植株 69 株，占老植株 121 株的 57%。

有叶老植株萌发率最高，达 82.5%。无叶老植株萌发率最低，仅 30.3%，其中高 3 厘米以下的老植株萌发率更低，10 丛植株 3 厘米以下的老株共 26 株，仅有 2 株萌发新植株。因此，从萌发新植株的角度看，无叶的老植株宜及时采剪作为商品出售，它们对萌发新植株贡献不大。而保护叶片越冬，对萌发新植株十分关键，这一点与种植一年的植株是相似的。

（2）产量分析

从表 3-4-2 中可以看出，10 丛苗萌发新植株 69 株，大多新植株粗壮，长势良好。80%（即 55 株）成为株高 10 厘米以上、茎粗 5 毫米以上的植株是完全可能的。平均每 10 丛有 55 株新苗，如果确保第二年能萌发新植株 44 株（以 55 株的 80% 计算），加上第一年 55 株壮苗，这样第二年冬 10 丛苗就有 99

株壮实的商品苗。拟采剪 40% 出售，10 丛可剪 40 株，平均每株 4 克计算，每丛可得商品 16 克，每平方米以 50 丛计算，就有 16×50=800 克，每亩（以 400 平方米净床面积计算）为 320 千克。

上述是正常情况下每亩产量的估测，但在此基础上我们认为还有一定的增产潜力。首先，要保证每平方米 200 株以上的基本苗。其次，通过提高单株重量达到增产目的。按 2014 年实际测量的产量估算，单株重为 4 克；若单株重提高到 6 克，则亩产可达 480 千克。该目标难度虽大，但还是有可能达到的（图 3-4-3，图 3-4-4）。

表 3-4-2　岜山铁皮石斛种植 3 年后萌发新植株情况表

大棚号	丛号	有叶老植株		无叶老植株		已剪老植株	
		株数	萌发新株数	株数	萌发新株数	株数	萌发新株数
4	1	3	3	6	1	4	3
4	2	5	5	6	2	1	0
4	3	4	3	5	2	6	3
4	4	4	3	5	0	3	3
4	5	5	5	3	0	4	3
2	6	3	3	5	2	5	4
2	7	9	7	4	2	4	2
2	8	3	2	2	1	2	0
2	9	3	1	4	0	4	3
2	10	1	1	5	1	5	2
小计		40	33	43	13	38	23

图 3-4-3　岜山铁皮石斛丰收场景

图 3-4-4　岜山铁皮石斛丰收场景

除增产外，稳产也是种植铁皮石斛取得预期效益的关键所在。稳产的技术途径主要有两个。第一，每丛苗必须保证有带叶、株高 8 厘米以上的植株 4～5 株，作为萌发新株的母株。第二，集约经营，每个技术细节都必须要精雕细刻。

（三） 调查案例三：崀山铁皮石斛四季红良种栽培 5 年后情况

1．调查情况

调查地点：崀山镇连山村楠木水，海拔 500 米。

种植户：蒋达财。

调查时间：2015 年 5 月 21 日。

栽培时间：2010 年 4 月 23 日。

调查方法：在 1 号棚内调查 10 丛已剪取商品苗的植株，每丛分株调查测量老植株高、茎粗、叶片数、花蕾数、萌发新植株数。

2．生长生产情况分析

（1）植株生长情况

本次调查的崀山铁皮石斛植株在所有调查对象中栽培时间最长，时间从 2010 年到 2015 年，实际栽培时间为 5 年多，达 1855 天（至调查时间止）。其间于 2012 年冬、2013 年冬、2014 年冬连续 3 年进行适量采收，每丛保留 3～5 株老植株作为次年萌发新植株的母株。目前老植株生机勃勃，无衰弱退化的现象。

（2）萌发新植株情况

本次调查结果显示，新植株萌发情况很好。10 丛苗的带叶老植株 100% 萌发了新植株，无叶老植株萌发率为 62%；采剪过的植株的丛苗萌发率为 92.3%。上述 3 项指标均高于案例二的陈孝柏处。目前所调查的 10 丛苗有老植株 40 株，新植株 71 株，新老共 111 株，平均每丛 11.1 株（表3-4-3）。

（3）产量分析

预计 2015 年 71 株新植株能达商品苗植株标准的有 57 株（按 80% 估计），

表 3-4-3　崀山铁皮石斛栽培 5 年后萌发新植株情况表

丛号	有叶老植株			无叶老植株			已剪老植株	
	株数	萌发新株数	开花数	株数	萌发新株数	开花数	株数	萌发新株数
1	1	1	0	2	1	3	4	2
2	1	1	0	3	2	4	7	7
3	6	6	7	0	0	0	3	2
4	2	2	6	2	1	2	4	3
5	3	3	4	0	0	0	6	5
6	3	3	1	1	0	1	2	2
7	1	1	3	3	2	2	4	4
8	4	4	2	1	1	1	4	3
9	3	3	3	1	1	1	3	4
10	3	3	4	0	0	0	2	2
小计	27	27	33	13	8	14	39	36

加上老植株 40 株，合计 97 株，平均每丛 9.7 株。拟留 5 株作为母株，仍有约 5 株可作商品出售，每株重以 3 克计算，每丛重为 15 克，每平方米 50 丛计算，即 750 克；每亩（以 400 平方米净床面积计算）为 300 千克。

更为重要的是这 10 丛苗始终保持原始性状，即红叶、红秆，一年四季都是红色的，匍匐贴地生长，与附生在石壁上的野生植株状态相似。

此外，这 10 丛苗开花 47 朵，平均每丛开花 4.7 朵，每平方米以 50 丛计算，有花 235 朵，推算每亩（以 400 平方米净床面积计算）可产花 9.4 万朵。据我们自己的测算，每 8000 朵鲜花可加工干花 100 克，9.4 万朵鲜花可加工成干花 1.175 千克。干花每千克按 2 万元计算，则每亩花的收入可达 2.35 万元，这也是一笔不小的收入。

（四）　调查案例四：2015 年崀山铁皮石斛生长情况

1．调查情况

调查时间：2015 年 6 月 2 日

调查地点：茶亭村金崀铁皮石斛种植合作社 18 号大棚

2．生长情况

18 号大棚的崀山铁皮石斛是 2013 年 11 月 1 日栽植的，至 2015 年 6 月 2 日，历时 578 天，经 2 个严冬，生长期仅 6 个多月。随机抽样调查 5 丛苗，共有越冬老植株 21 株，平均每丛 4.2 株。老植株最大特点是矮胖，其次是叶片保存较多。21 株中高 3 厘米的仅 2 株，占 9.5%，高 1～2 厘米的 8 株，占 38.1%；高 0.5 厘米以下的 11 株，占 52.4%。越冬叶片保存很好，5 丛 21 株全部有叶片，共有叶 61 片，平均每株有叶 2.9 片。其中有 1 株高 3 厘米，保存叶多达 6 片，越冬叶全是紫红色。新植株萌发情况很好，共萌发新植株 27 株，平均每株萌发新植株 1.29 株，截至调查时，新植株高度已超过老植株，生长健壮，生机勃勃，丰收在望，且叶片全是紫红色（表3-4-4）。

表 3-4-4　2015 年春崀山铁皮石斛萌发新植株情况表

丛号	老植株株数	老植株平均高（厘米）	老植株平均茎粗（厘米）	老植株平均叶片数	老植株最高茎高（厘米）	老植株最粗茎粗（厘米）	老植株叶片数	新萌发植株总数
1	5	0.44	0.4	2	0.5	0.4	3	6
2	4	1.625	0.45	4.25	3	0.5	6	4
3	5	0.8	0.4	1.8	1	0.4	3	8
4	4	0.575	0.45	3.25	1	0.5	5	6
5	3	1.7	0.5	4	3	0.5	4	3
小计	21							27

五、岚山铁皮石斛鲜花的秘密

每年的夏至前后，是岚山铁皮石斛的盛花期，鲜花怒放，美丽异常。人工栽培的岚山铁皮石斛，鲜花更多更美，盛开时"只见鲜花不见苗"，整个苗床全部被鲜花覆盖着，壮观场面，令人叹为观止（图3-5-1，图3-5-2）。

除观赏外，岚山铁皮石斛的鲜花还具有2种具体用途。首先，开花才能满足繁殖后代的需要；其次，鲜花可用来直接食用。用于食用的鲜花在花苞展开时全部摘除，以免消耗营养影响茎秆的生长与药效。花作为植物的生殖器官，是植物的精华，岚山铁皮石斛的花也同样如此。据何伯伟等研究，石斛花具有理气、安神、养血、解郁四大功能。作者查阅文献记载的铁皮石斛花的功效，摘录如下。

按中医理论中的中药药性解释，花类中药具有"轻扬升散"的特点。不只是因为花本身质地轻盈，还因其所含化学成分多属挥发性油，具挥发性，这或许也是铁皮石斛花具醒脑提神和解郁功效的原因所在。据贵州生物技术研究开发基地和浙江大学现代农业研究示范中心相关科研人员关于铁皮石斛花挥发性成分的研究报告得知，在铁皮石斛花中分离提取的89个化合物，鉴定出59个成分，占挥发油总量的76.54%；有的挥发成分既是香料成分，又是药用成分。

岚山铁皮石斛鲜花干燥后质地轻盈，重量很轻。不同年份多次测算的结果为1克干花需鲜花95～100朵，每1千克干花约需10万朵鲜花。鲜花用量之大，确实惊人。以每人每天泡20朵干花计算，一年365天需7300朵干花，折算为73克。也就是说一个人每天都喝石斛花茶，一年也只需73克，重量虽少，但数量多。以目前市场每千克干花4万元计算，一年需2920元，平均每天8元，非常实惠。

图3-5-1　人工栽培崀山铁皮石斛盛花场景

图3-5-2　人工栽培崀山铁皮石斛盛花场景

一、罗氏石斛，石斛家族的新成员

邓小祥[1]，饶文辉[2]，陈利君[2*]

（1. 湖南省新宁林业局，邵阳 422700；2. 深圳市濒危兰科植物保护与利用重点实验室，全国兰科植物种质资源保护中心 / 深圳市兰科植物保护研究中心，深圳 518114）

摘要： 本文对新宁兰科植物新种罗氏石斛 *Dendrobium luoi* 进行描述和绘图。该新种与河口石斛 *Dendrobium hekouense* 相近，区别在于本种的花梗与子房长 2~2.5 厘米；花淡黄色，萼片具红褐色先端；唇瓣具紫褐色斑块；中萼片狭卵状椭圆形；唇瓣倒卵状匙形，不裂；唇盘中央具 3 条褶片从基部延伸至先端；褶片中间增粗并具乳突状毛。

关键词： 罗氏石斛；新种；兰科；新宁；中国

Dendrobium luoi, a new species of Orchidaceae from Xinning, China

DENG Xiao-Xiang[1], RAO Wen-Hui[2], CHEN Li-Jun[2*]

(1. Xinning Forestry Bureau of Hunan, Shaoyang 422700, China; 2. Shenzhen Key Laboratory for Orchid Conservation and Utilization, The National Orchid Conservation Center of China and The Orchid Conservation & Research Center of Shenzhen, Shenzhen 518114, China)

基金项目：广东省林业科技创新专项资金项目 (2013KJCX014 — 05)
*通讯作者（Author for correspondence. E-mail: chenlj@sinicaorchid.org）

Abstract: *Dendrobium luoi* L. J. Chen & W. H. Rao, a new species of Orchidaceae from Xinnin of Hunan, China, is described and illustrated. The new species is similar to *Dendrobium hekouense*, from which it differs by its the pedicel and ovary 2~2.5 cm long, flower yellowish; sepals with red-brown at apex; lip with purple-brown spots; dorsal sepals narrowly elliptic; lip obovate-spatulate, not split; the lip with 3 longitudinal lamellae extending from its base to the apex; the lamellaes inflated at the middle and with papilla-hairy.

Key words: *Dendrobium luoi*; New species; Orchidaceae; Xinning; China

2015 年 5 月在湖南省邵阳市新宁县渡水镇进行兰科植物资源调查时，发现一种生于渡水高挂山石壁上正在开花的石斛属植物（图 1. A–D），其形态与河口石斛 *Dendrobium hekouense*（图 1. E）极为相似 [1]。经详细对比，发现该石斛属植物的花梗与子房长 2～2.5 cm；花淡黄色，萼片先端红褐色；唇瓣具紫褐色斑块；中萼片狭卵状椭圆形；唇瓣倒卵状匙形，不裂；唇盘中央具 3 条粗厚脉纹状褶片从基部延伸至先端，中间增粗呈褶片状并具乳突状毛。这些特征明显区别于河口石斛，为此我们确认此植物为石斛属一新种。新种命名为罗氏石斛，以对长期从事中国兰科植物研究的罗仲春高级工程师表示敬意。

罗氏石斛

Dendrobium luoi L. J. Chen & W. H. Rao, sp. nov. Fig.2.

Type: Hunan（湖南）, Xinning（新宁）, epiphytic on rock, alt. 1200 m, 2015. 5. 25, Z. J. Liu 8423 (NOCC).

Epiphytic herbs. The plant small. Stem narrowly ovate, 1–1.5 cm long and 0.4–0.5 cm in diam. with 3 nodes. Leaves 2–3, narrowly elliptic or oblong-elliptic, 1.1–2.2 cm × 0.4–0.5 cm, apex obtuse, and unequally 2-lobed, base with amplexicaul sheaths. Inflorescence arising from leafless pseudobulb, flower single, peduncle 0.7–0.9 cm, bracts ovate, membranous,

0.3–0.4 cm long; pedicel and ovary 2–2.5 cm long; sepals pale yellow with red-brown apex; petals pale yellow; lip pale yellow with purple-brown spots; column yellow-white; dorsal sepal narrowly elliptic, 0.8–0.9 mm × 0.3–0.4 mm, apex acute. Lateral sepals ovate-triangular, 0.8–0.9 cm × 0.5–0.6 cm, apex acute, basal oblique; mentum large, 1–1.2 cm × 0.4–0.5 cm, recurved, apex obtuse; petals narrowly elliptic, 0.8–0.9 mm × 0.3–0.4 mm, apex acute, base gradually contracted; lip obovate-spatulate, not split, 1.7–1.8 cm × 0.6–0.7 cm, apex emarginate, longitudinal lamellae extending from the base to the apex; lamellaes inflated at middle and densely papillate-hairy; papillate hairy on the upper of lip disc; column 2–2.5 mm long, column-foot 1–1.2 cm long.

Flowering period: May.

This new species is similar to *Dendrobium hekouense*, but differs by having the pedicel and ovary 2–2.5cm long, flower yellowish; sepals with red-brown apex; lip with purple-brown spots; dorsal sepal narrowly elliptic; lip obovate-spatulate, not split; the lip plates with 3 longitudinal lamellae extending from the base to the apex; the lamellaes inflated at the middle and with papilla-hairy.

附生植物，植株矮小。茎狭卵形，长 1～1.5 cm，粗 4～5 mm，具 3 节。叶 2～3 枚，卵状狭椭圆形或狭长圆形，长 1.1～2.2 cm，宽 4～5 mm，先端钝且不等侧二裂，基部扩大为鞘；花序生于落叶的茎上部节上，单花；花序柄长 0.7～0.9 cm；花苞片膜质，卵形，长 3～4 mm；花梗与子房长 2～2.5 cm；萼片淡黄色具红褐色先端；花瓣淡黄色；唇瓣淡黄色具紫褐色斑块；蕊柱黄白色；中萼片狭卵状椭圆形，长 8～9 mm，宽 3～4 mm，先端锐尖；侧萼片卵状三角形，长 8～9 mm，宽 5～6 mm，先端锐尖，基部歪斜；萼囊大，长 1～1.2 cm，宽 4～5 mm，向前弯曲，末端钝；花瓣狭椭圆形，长 8～9 mm，宽 3～4 mm，先端急尖，基部渐收狭；唇瓣倒卵状匙形，不裂，长 1.7～1.8 cm，宽 6～7 mm，先端稍凹缺，中央具3条粗厚脉纹状褶片从基部延伸至先端，褶片中间增粗并密具乳突状毛；唇盘上部具乳突状短毛；蕊柱长2～2.5 mm，蕊柱足长1～1.2 cm。花期5月。

参考文献：

[1] Liu Z J, Chen L J. *Dendrobium hekouense* (Orchidaceae), a new species from Yunnan, China [J]. Ann. Bot. Fennici. 2011, 48(1): 87-90.

图1. 罗氏石斛
A. 开花植株；B, C. 栽培的植株；D. 花；E. 河口石斛的花
Fig. 1. *Dendrobium luoi*
A. Flowering plants; B,C. The plants; D. Flowers; E. A flower of *D. hekouense*.

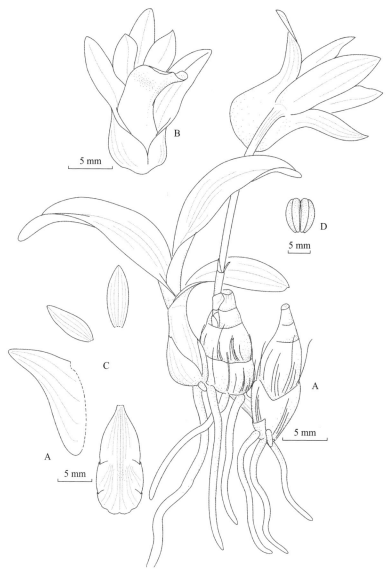

图 2. 罗氏石斛

A. 带花植株；B. 花，正面观；C. 中萼片、花瓣、侧萼片和唇瓣；D. 花粉块。（张培文根据 Z. J. Liu 8423 号标本绘）

Fig. 2. *Dendrobium luoi*

A. Flowering plant; B. Flower, front view; C. Dorsal sepal, petal, lateral sepal and lip;
D. Pollinarium. (Illustrated by Miss P. W. Zhang based on Z. J. Liu 8423)

附 录

二、铁皮石斛怎么吃

历代经典医书记载，服用铁皮石斛强调"宽汤久煮"，但未明确久煮的时间，是2小时、3小时或更久。

据斯金平试验，铁皮石斛"枫斗"粉碎后粉末水煮2小时能煮出95%的多糖。据孙芸和江钰报道："石斛中的有效成分主要为生物碱，大多难溶于水，必须延长煎煮时间，通过高温久煎，使其水解发挥疗效。与群药共煮时，石斛宜先煎1～2小时，再与其他药一起煎煮……"

上述学者论述的相同点就是不论是铁皮石斛内含物中的多糖还是生物碱，都难溶于水，必须久煎。由于"枫斗"本身就真假难识，加工成粉末则更难识别，消费者目前的心理还是不敢买，买后也不放心吃。通过自己购买铁皮石斛鲜条，然后加工食用对消费者来说更"保险"一些。广大消费者如何正确地食用铁皮石斛鲜条就成为一个值得研究的问题。

目前铁皮石斛鲜条在消费市场很流行，因为鲜条既能在常规条件下保存超过半年，又便于识别真伪。但铁皮石斛鲜条要不要粉碎，怎么粉碎，煎煮多长时间才能把多糖、生物碱煮出来，尚未见正式报道。作者的作法是：将鲜条剪碎（长约0.5厘米一段），置已沸的水中煎煮2～3小时，冷却后喝汤、嚼茎服下。为方便煎煮，可用电炖锅。如果是铁皮石斛"枫斗"干品，先煎半小时，然后取出，将"枫斗"拉直剪碎，再煎煮2～3小时便可。铁皮石斛可与多种中药配伍，根据个人身体需要可配西洋参、麦冬、玉竹、枣等。但一般要先煎煮铁皮石斛1.5小时后再放入其他中药一起煎煮。

而对于铁皮石斛鲜条目前最为流行的吃法就是用鲜条榨汁直接饮用，这种方法能溶解多少多糖与生物碱尚无报道。作者试用过几次，服用后有两个明显的感觉：第一，容易有饥饿感；第二，晚上小便增加1～2次，说明利尿作用强。考虑到作者年龄偏大（80岁），可能与个人身体情况有关。还有人将鲜条榨汁后，连渣煮沸半小时，置保温瓶内保温 2 小时以上，然后根据个人的喜好加适量的蜜糖饮用。此法接近斯金平的方法，比较科学。

关于铁皮石斛鲜条每天的用量，根据每个人的实际情况有所不同，无法给出统一的标准答案。根据近 2 年来的经验，作者认为成年人每人每天食用 10 克鲜条是比较适合的。按照这条经验，若购鲜条 500 克，可服用 50 天。超量服用，尽管没有副作用，但人体吸收不了，造成浪费。铁皮石斛是药食同源的产品，要以最佳吸收效果为服用准则，而不是每天吃铁皮石斛炖鸡、炖鸭。这种煲汤的吃法，每周 1 次足够。

铁皮石斛叶片同样有药用价值。据于力文的试验，铁皮石斛中的可溶性多糖含量分布规律是：叶≥根≥茎。何伯伟先生认为铁皮石斛的鲜叶经杀青、揉捻、烘干可以入药，也可当茶饮，有养阴退热、生津止咳、调理肠胃等功效。同时，他还认为铁皮石斛的花也可以泡茶饮用，有理气、安神、益血、解郁等作用。作者试用铁皮石斛叶与茎同煮 2 小时，无论是鲜叶还是干叶均不烂，汤色清亮，口感与茎差不多，无纤维残渣。花与茎同煮 2 小时，花瓣烂，但汤色不浑浊。铁皮石斛花用于泡茶，汤色淡黄，花瓣展开美丽，口感清凉甜润。有人认为铁皮石斛花是植物精华，应比茎叶药效更好。但这仅仅是一种推测，还需科学数据来支持。总之，铁皮石斛全身是宝，但如何吃才能达到最佳的效果，还需更深入的研究来提供指导。

附　录

三、戴胜鸟与红嘴蓝雀偷吃铁皮石斛
逸事二则

　　2014 年 8～9 月，在崀山景区的石田何烈熙铁皮石斛栽培基地上观察到一对戴胜鸟偷吃铁皮石斛的现象。在 2 个月的时间内，发现总共有崀山铁皮石斛果实 50 个、植株 200 多株有被戴胜鸟吃过的痕迹。更为神奇的是，这鸟很"灵通"，专选崀山铁皮石斛吃，种植在同一基地的其他铁皮石斛品种，包括云南种源、安徽大别山种源、广西桂林种源的铁皮石斛植株均未发现被吃的痕迹。这从一个侧面反映了崀山铁皮石斛品种的良好品质。在同一时期，类似的现象在新宁县金石镇水头村长家垅王泽民的铁皮石斛种植基地也被观测到，只不过在该基地是被另一种鸟——红嘴蓝雀，吃了 200 多株；同样，这种红嘴蓝雀也专找崀山铁皮石斛植株吃。鸟吃铁皮石斛还未见报道，只是在广西一些具有良好森林生态环境的典型石灰岩地区，有当地居民说起过野山鸡啄食石斛嫩茎的事情。在原生态铁皮石斛种植基地发现鸟类啄食铁皮石斛茎和幼果的现象，不仅证实了以前的说法，同时也说明铁皮石斛是一种人与动物都喜爱的植物，不愧是自然界的"仙草"。

后 记

种了多年铁皮石斛，写了上面一些文字，是初学者的一些肤浅认识。我是林业工作者，采种、育苗、造林是我的专业。然而，铁皮石斛的栽培与树木的栽培，完全不同。前者是无土栽培，不要一点土，强调透气良好；后者恰恰相反，需要深厚肥沃的土壤。

我认为铁皮石斛是植物中的"鬼灵精"，神秘莫测，变幻无常，很难摸透它的"脾气"。因此，栽培铁皮石斛要有耐心、恒心、细心、信心。只有具备这"四心"，才有可能成功。栽培第一年的试管苗，只长几片叶，高不过二三厘米，真急死人，然而，这正是它为来年快速生长打基础的时候。如果没有耐心，放弃管理，就会前功尽弃，一事无成。

整个铁皮石斛的栽培过程，就像母亲带小孩一样，每天重复着吃、喝、拉、洗等琐碎、繁杂的家务工作，没有这些，小孩长不大，成不了才。同样，铁皮石斛的栽培，每天重复着

罗仲春为女儿罗洪波、孙女罗斯丽讲解种植崀山铁皮石斛技术

罗仲春观察崀山铁皮石斛生长情况

罗斯丽与陈淼调查崀山铁皮石斛越冬情况

繁杂的管理工作。没有这些工作，铁皮石斛就长不大，达不到预期的目的。所以，种铁皮石斛一定要有恒心。工作上深入细微观察，发现问题及时处理，这就是细心。

栽培铁皮石斛的过程，就是磨炼人意志的过程。只有不断解决栽培中遇到的各种难题，才能获取"真经"。铁皮石斛是一本"无字天书"，还有许多秘密等待我们去研究、发现！

在丹霞石壁上给野生崀山铁皮石斛人工授粉　崀山野生铁皮石斛人工授粉成功

翻山越岭观察野生石斛　在树上给野生石斛人工授粉

罗仲春在拍照，罗斯丽在树上给石斛授粉　罗仲春现场讲解崀山铁皮石斛种植技术问题

致 谢

　　本书的基础来自科技部"十一"国家科技支撑计划项目[2008BA39B05]"中国重要生物物种资源监测和保育关键技术"的"珍稀濒危鸟类和植物繁殖技术与示范"课题、"重要兰科植物的繁育技术示范"专题项目。该项目结束后，湖南省老科学技术工作者协会，湖南省新宁县县委和县政府、新宁县林业局、新宁县老科学技术工作者协会等机构高度重视铁皮石斛种植产业的发展，先后多次拨专款支持罗仲春的后期工作。海南大学宋希强教授提供了前期基础栽培技术，并于2008年至2010年期间多次亲临现场进行技术指导；2009年至2010年还多次得到河南信阳师范学院张苏锋教授的现场技术指导；2010年至2012年中国科学院华南植物园段俊教授也多次来新宁对铁皮石斛的栽培进行技术指导。在多年栽培试验过程中，种植户何烈熙、陈军、蒋达财、陈孝柏、刘叙仲、刘叙勇等同志付出了创造性劳动。金崀铁皮石斛合作社、湖南崀霞湘斛生物科技有限公司和湖南崀霞湘兰生态科技有限公司、崀山珍稀植物研究所提供了大棚栽培的宝贵样板与经验。本书的后半部分就是在总结全县各种植基地的经验教训基础上完成的。中国科学院植物研究所漆小泉研究员、云南大学高江云教授帮助审阅补充铁皮石斛产业发展回顾与展望部分，中国林业科学研究院邓华博士和邹龙海博士帮助审阅修改补充铁皮石斛光合作用部分，上海辰山植物园暨上海辰山科学研究中心胡超博士帮助审阅铁皮石斛名称的故事部分。此外，中国科学院植物研究所金效华研究员提供铁皮石斛 *Dendrobium officinale* 的模式照片，中国科学院兰州化学物理研究所中国科学院西北特色植物资源化学重点实验室金辉博士提供铁皮石斛根细胞消化分解菌丝团的一组图片，中国林业科学研究院邓华博士提供光合作用参考图片、邹龙海博士提供光合作用参考图片并设计出 C_3 和景天酸代谢植物光合作用差异草图、中国科学院植物研究所张武凡博士完成相关光合作用过程的示意图，福建农林大学徐晴博士提供铁皮石斛系统发育图，湖南省新宁县林业局邓小祥提供 3 张野生铁皮石斛照片，在此一并致谢！

编著者

2020 年 3 月

参考文献

白音，包英华，金家兴，等．2006. 我国药用石斛资源调查研究 [J]. 中草药，37: I0005-I0007.

包雪声，顺庆生，陈立钻．2001. 中国药用石斛彩色图谱 [M]. 上海：上海医科大学出版社．

查学强，王军辉．2007. 石斛多糖体外抗氧化活性的研究 [J]. 食品科学，28:901.

陈晓梅，肖盛元，郭顺星．2006. 铁皮石斛与金钗石斛化学成分的比较 [J]. 中国医学科学院学报，28：524-529.

陈心启，罗毅波．2003. 中国几个植物类群的研究进展：中国兰科植物研究的回顾与前瞻 [J]. 植物学报，45(增刊): 2-20.

淳泽．2005. 药用石斛的资源危机与保护对策 [J]. 资源开发与市场，21: 139-140.

邓华．2015. 兰科植物景天酸代谢（CAM）途径研究 [D]. 北京：中国林业科学研究院．

邓敏贞，黎同明．2012. 石斛合剂对衰老大鼠的丙二醛、超氧化物歧化酶、过氧化脂质及免疫功能的影响研究 [J]. 中医学报，164:58-59.

丁亚平，吴庆生，于力文．1998. 铁皮石斛最佳采收期的理论探讨 [J]. 中国中药杂志，23: 458.

冯杰，杨生超，萧凤回．2011. 铁皮石斛人工繁殖和栽培研究进展 [J]. 现代中药研究与实践，25: 81-85.

国家药典委员会．2015. 中华人民共和国药典（一部）[M]. 北京：中国医药科技出版社．

黎万奎，胡之璧，周吉燕．2008. 人工栽培铁皮石斛与其他来源铁皮石斛中氨基酸与多糖及微量元素的此较分析 [J]. 上海中医药大学学报 , 22: 80-83.

黎英 , 赵亚平 , 陈蓓怡 , 等 . 2004. 5 种石斛水提物对活性氧的清除作用 [J]. 中草药 , 35: 1240-1242.

吉占和 . 1980. 中国石斛属的初步研究 [J]. 植物分类学报 . 18：427-449.

吉占和 . 1999. 石斛属 [M]// 吉占和, 陈心启, 罗毅波, 朱光华 . 中国植物志（19卷）. 北京：科学出版社 .

金效华 , 黄璐琦 . 2015. 中国石斛类药材的原植物名实考 [J]. 中国中药杂志 , 40: 2475-2479.

李玲 , 邓晓兰 , 赵兴兵 , 等 . 2011. 铁皮石斛化学成分及药理作用研究进展 [J]. 肿瘤药学 , 1:90-94.

李明焱 , 谢小波 , 朱惠照 , 等 . 2011. 铁皮石斛新品种 "仙斛 1 号" 的选育及其特征特性研究 [J]. 中国现代应用药学 , 28: 281–284.

刘虹 , 罗毅波 , 刘仲健 . 2013. 以产业化促进物种保护和可持续利用的新模式：以兰花为例 [J]. 生物多样性 21: 132-135.

刘仲健 , 张玉婷 , 王玉 , 等 . 2011. 铁皮石斛（*Dendrobium catenatum*）快速繁殖的研究进展——兼论其学名与中名的正误 [J]. 植物科学学报 , 29: 636–645.

漆小泉 , 王玉兰 , 陈晓亚 . 2011. 植物代谢组学——方法与应用 [M]. 北京：化学工业出版社。

屠国昌 . 2010. 铁皮石斛的化学成分、药理作用和临床应用 [J]. 海峡药学 , 22: 70-71.

王世林 , 郑光植 , 何静波 . 1988. 黑节草多糖的研究 [J]. 云南植物研究 , 10: 389-395.

魏刚 , 顺庆生 , 杨明志 . 2014. 石斛求真：中国药用石斛之历史、功效、真影与特征指纹图谱 [M]. 成都：四川科学技术出版社 .

魏刚 , 顺庆生 , 李名海 , 等 . 2015. 中华仙草 霍山石斛 [M]. 成都：四川科学技术出版社 .

徐晴 . 2015. 石斛属的系统发育和 NBS 类抗病基因在石斛属中的进化 [D]. 北京：中国科学院大学 .

张光浓, 毕志明, 王峥涛, 等. 2003. 石斛属植物化学成分研究进展. 中草药, 34: 1005–1008.

赵嘉, 吕圭源, 陈素红. 2009. 石斛"性味归经"的相关药理学研究进展 [J]. 浙江中医药结合杂志, 19: 388-390.

Cribb PJ, Kell SP, Dixon KW, et al. 2003. Orchid conservation: a global perspective[M]//Dixon K W, Kell S P, Barrett R L, et al. Orchid conservation. Kota Kinabalu, Sabah, Natural History Publications.

Handa SS. 1986. Orchids for drugs and chemicals[M]//Vij SP. Biology, Conservation and Culture of Orchids. New Delhi: Affilated East-West Press. 889-900.

Hu SY. 1970. *Dendrobium* in Chinese medicine[J]. Economical Botany, 24: 165–174.

Jin XH, Chen SC, Luo YB. 2009. Taxonomic revision of *Dendrobium moniliforme* complex[J]. Scientia Horticulturae, 120:143-145.

Jin XH, Huang LQ. 2015. Proposal to conserve the name *Dendrobium officinale* against *D. stricklandianum*, *D. tosaense*, and *D. pere-fauriei* (Orchidaceae)[J]. Taxon, 64 (2): 385–386.

Li Y, Li F, Gong Q, Wu Q, Shi J. 2011. Inhibitory effects of *Dendrobium alkaloids* on memory impairment induced by lipo-polysaccharide in rats[J]. Planta Medica, 77: 117-121.

Liang Y, Wang X, Liu H, et al. The Genome of *Dendrobium officinale* Illuminates the Biology of the Important Traditional Chinese Orchid Herb[J]. Molecular Plant, 8: 922-934.

Liu H, Luo YB, Heinen J, et al. 2014. Eat your orchid and have it too: A potentially new conservation formula for Chinese epiphytic medicinal orchids[J]. Biodiversity and Conservation, 23: 1215-1228.

Ng TB, Liu JY, Wong JH, et al. 2012. Review of research on *Dendrobium*, a prized folk medicine[J]. Applied Microbiology and Biotechnology, 93: 1795-1803.

Teixeira da Silva JA, Jin XH, Dobránszki J, et al. 2016. Advances in *Dendrobium* molecular research: applications in genetic variation, identification and breeding[J]. Molecular Phylogenetics and Evolution, 95: 196-216.

Wood HP. 2006. The *Dendrobiums*[M]. Ruggell, Liechtenstein (Germany): A. R. G. Gantner Verlag, 1-847 .

Xiang XG, Schuiteman A, Li DZ, et al. 2013. Molecular systematics of *Dendrobium* (Orchidaceae, Dendrobieae) from mainland Asia based on plastid and nuclear sequences[J]. Molecular Phylogenetics and Evolution, 69: 950-960.

Xiang XG, Mi XC, Zhou HL, et al. 2016. Biogeographical diversification of mainland Asian *Dendrobium* (Orchidaceae) and its implications for the historical dynamics of evergreen broad-leaved forests[J]. Journal of Biogeography, 43: 1310-1323.

Zhang GQ, Xu Q, Bian C, et al. 2016. The *Dendrobium catenatum* Lindl. genome sequence provides insights into polysaccharide synthase, floral development and adaptive evolution[J/OL]. Scientific Reports, 6:19029 DOI: 10.1038/srep19029.